生活因阅读而精彩

生活因阅读而精彩

生命是一种

心境

韦 渡 ◎ 编著

SHENGMING SHI YIZHONG XINJING

中国华侨出版社

图书在版编目(CIP)数据

生命是一种心境 / 韦渡编著.—北京：
中国华侨出版社，2011.10

ISBN 978-7-5113-1747-6

Ⅰ.①生… Ⅱ.①韦… Ⅲ.①人生哲学–通俗读物
Ⅳ.①B821-49

中国版本图书馆 CIP 数据核字(2011)第 192535 号

生命是一种心境

编　　著 / 韦　渡
责任编辑 / 梁　谋
责任校对 / 吕栋梁
经　　销 / 新华书店
开　　本 / 787×1092 毫米　1/16 开　印张/17　字数/283 千字
印　　刷 / 北京建泰印刷有限公司
版　　次 / 2011 年 11 月第 1 版　2011 年 11 月第 1 次印刷
书　　号 / ISBN 978-7-5113-1747-6
定　　价 / 29.80 元

中国华侨出版社　北京市朝阳区静安里 26 号通成达大厦 3 层　邮编:100028
法律顾问:陈鹰律师事务所
编辑部:(010)64443056　　64443979
发行部:(010)64443051　　传真:(010)64439708
网址:www.oveaschin.com
E-mail:oveaschin@sina.com

前言

QIANYAN

记得有位哲人说过:如果你不能做天上的太阳,那么你可以做一颗星星,但要是天空中最耀眼的一颗。这句优美的富含哲理的语言,可以让我们真正领悟到生命的含义。是的,我们可以这样认为:在热带雨林中做一棵高耸入云的大树固然美妙,但如果不能,就做草原上一根嫩绿的酥油草也很浪漫;能做世界之巅珠穆朗玛峰真是再好不过,但如果不能,做博大幽静的唐古拉山也很不错。但实际上,造物主是吝惜的,它不会给一个人太多。正如这句话所说:每个人都是被上帝咬掉一口的苹果。能懂得这一点,你的心就会变得平静,你就会懂得生命其实就是一种心境。

生活如一杯白开水,放点盐,它是咸的,加点糖,它是甜的,生活的质量靠心境去调剂。很多时候我们会用异样的眼光去看世界,去苛求自己。其实,人的一生不可能背负起所遇到的一切,也不可能得到所想要的一切。正如一首歌词所唱的:"一生中能实现一个从小就植根于心底的理想;一生中能坚持一种崇高而有意义的追求;一生中能拥有一份至死不渝的爱情。"真的,人的一生如果能像这首歌词所说那样就已足矣。不要总是想着别人的优秀,不要总是在乎别人的目光,人是活给自己而不是活给别人看的。

生命其实就是一种心境。什么是幸福、快乐?就是我们自己觉的幸福,觉得快乐。这也许是句大白话,但你是否能做到呢?生命其实就是一种心境,而肉体只是生命的载体。用一颗平常心去看世界,用一颗平静的心去看世界,你会发现天原来可以那样蓝,树原来可以那样绿,生活原来可以那样安宁和美丽。

是的,我们不能选择生命的长度,但可以选择生命的宽度;不能选择自己的面容,但可以选择笑容;不能选择天气,但可以选择心情;不能选择春夏秋冬,却可以选择让自己的生命如素烛千盏,照亮短暂的一生。

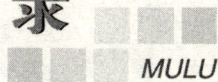

目录
MULU

❖第一辑❖

错误的坚持就是固执,人生需要学会转弯

善于放弃的人,是聪明的,而懂得转弯的人,更是明智的,也是最有可能成功的人。很多时候,转过弯才会发现,原来,还可以微笑;转过弯才会发现,原来,还会有可能;转过弯才会发现,原来,甜美的总是在后面……

❖第二辑❖
不在攀比中追赶幸福,幸福反而在前头

比或者不比,别人都在那里;比还是不比,却可由自己选择。心中是否宁静,也靠它维系。窗外的纷纷扰扰,能否打乱你内心的宁静,与窗外的风声有多大无关,它取决于你自己的定力和修为。一花一世界,一鸟一天堂,没有相同的人生,何必互相比较?

❖ 第三辑 ❖

正确坚定的信念力,可以逆转人生

没有谁能决定你的人生处境,相信命运的安排是为自己的懒惰找的借口。每个人都是自己命运的主人,每个人都能成为自己命运的主宰,每个人都能创造出一个适合自己生长和发展的环境。要做到这一切,只需要成功运用自己的信念,发挥信念力的力量,你将会展现一个崭新的自己,开拓一个你意想不到的成功和丰富的人生。

❖ 第四辑 ❖
心晴时要开怀,心雨时亦要开怀

　　大概谁都有这种体验,当取得成功的时候,即使是下雨,也会觉得生活处处是希望,反之亦然。也许心情会受天气晴雨的影响,但它们之间是没有必然的因果关系的。天气的晴雨不能决定心情的晴雨和我们的心境,人生的道路需要以乐观的心态去面对,心晴时要开怀,心雨时亦要开怀。

❖第五辑❖
道路越走越窄,因为从未想过退让

生活中我们会遇到许多事情,如果没有良好的心态和应对措施,不懂得退让宽容的哲学,这些事情就会演化为过不了的坎,解不开的结,伤了自己,也伤了别人。

学会退让吧,因为懂得退让才天地广阔。

❖第六辑❖
感恩,是种在心里的一棵幸福树

懂得感恩是幸福的。当我们对更多的事、人和情境心怀感恩的时候,就是我们享受更多幸福的时候。

❖第七辑❖
什么时候放下,什么时候就没有烦恼

功名富贵放不下,生命就在功名富贵里蹉跎;悲欢离合放不下,生命就在悲欢离合里挣扎;金钱放不下,名位放不下,人情放不下,生命就在金钱、名位、人情里打滚;是非放不下,得失放不下,善恶放不下,生命就在是非、善恶、得失里面,不得安宁。

❖第八辑❖

没有绝对顺逆的人生,只有不够坦然的心境

"塞翁失马,焉知非福",任何事物都有两面性。很多时候,我们之所以会过于沉浸于不幸、挫折和磨难的悲伤中,是因为我们不能够转换自己的心境,看到事物积极的一面。只要我们学会坦然地面对生命的变幻莫测,敢于直面惨淡的人生,不放弃、不抛弃,那我们就可以活出全新的自我。

❖第九辑❖
淡泊,不以物喜不以己悲

在平常、平凡的淡淡人生中,让自己拥有一份淡淡的情愫,过着淡淡的生活,淡出一份情真意切的真情来,淡出一份淡雅清香的韵味来,淡出一份坦然宁静的心境来,淡出一份淡泊名利的境界来,淡出一份绵延悠长的爱意来,淡出一份悠然自得的生活来。

❖第十辑❖

一个人的成就，绝不会超过他的心理宽度

　　包容是一种修养，一种成熟，这种修养表现出来的不是软弱，而是力量，是魅力，是过人的目光与胸怀，是对于人性的深度理解，是对于利益的整体把握，是对于个性的充分尊重，是对于共存原则的贯彻与实施。

　　我们必须牢记，一个人的心有多大，他的舞台就会有多大。

错误的坚持就是固执，人生需要学会转弯

　　善于放弃的人，是聪明的，而懂得转弯的人，更是明智的，也是最有可能成功的人。很多时候，转过弯才会发现，原来，还可以微笑；转过弯才会发现，原来，还会有可能；转过弯才会发现，原来，甜美的总是在后面……

另辟蹊径，在变通中寻找出口

穷则变，变则通，通则恒久。在生活中，我们会发现，一个不经意的变通，往往会很容易地解决我们一直头疼的问题，让看似没有出口的人生之路柳暗花明。

在人生的道路上，我们会发现，在我们做事的时候，常常会出乎自己的意料之外，一切并不会按照当初的想法去发展。

一个人的做事准则多半是从书本上学来的，是前人的智慧结晶，但是，尽信书不如无书，有时候书本上的知识会和实际生活中有很大的出入。所以，我们不能一味地按书本中的方法去解决生活中的难题，若是一味地生硬地去运用，反而只会弄巧成拙，处处碰壁。

变通，就是以变化自己为途径，从而通向成功。我们在做事的时候，要懂得思考、变化，不要刻意地去模仿别人，要充分地发挥自己的聪明才智。只有在变通中寻找出路，在思考中找到解决问题的最佳途径，才能达到事半功倍的效果。

有一种鸟类，它是食鱼为生的，但其嘴的形状是直的，上下两部分都又长又宽，在吞食鱼的时候是很容易被卡住的。于是，在吞吃食物时，它们常常把捕到的鱼儿往空中一抛，让那条鱼头朝下尾朝上落下来，然后接住咽下去，这种吃法可以使鱼在通过咽喉时，鱼翅的骨头由前向后倒，不会卡在喉咙里。

社会复杂多变，人心叵测，为人处世、求人办事也一样会碰到各种障碍，这个时候我们便要懂得变通，人挪活树挪死，这是做人应该具备的策略和手段。连鸟都知道"把鱼顺过来吃"，聪明人就更不会赤膊上阵，硬碰钉子，拿鸡蛋去碰石头。

钱钟书先生是文学界的泰斗，传媒把他的脾性渲染得异常乖僻，很多想向他约稿的编辑都在他面前碰过壁。

有位编辑特别仰慕钱老的才华，自1961年其力作《通感》问世以来，钱老之名即铭刻在她的脑际，一直追慕迄今，而且，钱老的叔父钱孙卿先生是她所在学校的前任老校长，于是她很想找机会去拜访一下钱老。

鉴于前车之覆，这位编辑特意在行事之前，对钱老的著作及学术成就进行了充分的了解。她了解到钱老和他的夫人杨绛女士伉俪情深，夫妻俩情趣高雅，幽默诙谐，相与为乐。杨绛女士经常称钱老为"黑犬才子"，这是钱老之字"默存"分拆而成的离合体字谜。

因此，这位编辑冒昧地为他们的姓名编了两条灯谜："文化著作"指"钱锺书"；"柳絮飞来片片红"指"杨绛"。她在她的拜访信中先呈上她的灯谜，然后再陈述了其叔父举学之业绩。

很快这位编辑就收到了钱老的回信，还内附联名贺卡，蓝底金字，庄重雅致，特别是钱老签名的明信片，三字会写，神旺气足，独具风采。

这件事告诉我们，在面对令人敬畏之人的时候，在提出我们的请求前，我们最好先兜个圈子，提及他的兴趣或近况，使对方觉得"这人好像很了解我"，从而加深他对你的印象。

通过这种变通的方式打开对方的心扉，将他拉进自己的话题中，然后再绕回自己的主题，那么进一步的沟通就可谓水到渠成了。

小叶毕业后在一个杂志社当编辑，有一次她需要向一位名作家邀稿，那位作家一向以难于对付著称，所以小叶在去他家之前，感到既紧张又胆怯，心理惴惴不安。

开始他们之间的交谈并不成功，因为不论作家说什么话，小叶都只会说"是，是"或者"可能是这样的"，局促不安的她无法开口说明请求作家写稿的事。于是，她决定改天再来向他说明这件事，今天随便聊聊就结束拜访算了。

就在小叶快要向作家告辞的时候，突然间她脑中闪过一本杂志刊载的有关这位作家近况的文章，于是就问道："先生，听说您有篇作品被译成英文在美国出版了，是吗?"

作家猛然倾身过来说道："是的。"

小叶继续说道："先生，你那种独特的文体，用英语不知道能不能完全表达出来。"

"我也正担心这点。"作家饶有兴趣地说。

于是，他们开始滔滔不绝地谈起来，气氛也逐渐变为轻松，最后她顺理成章地提出请作家为她写稿的要求，作家也爽快地答应为她写稿子。

这位不轻易应允的作家，为什么会为了编辑一席话，而改变了原来的态度呢?因为作家认为这位编辑并不只是来要求他写稿的，她不仅读过他的文章，对他的事情也十分了解，于是就答应为她写稿。

所以，我们在跟人打交道的时候，不妨在事先时对方进行详细的了解，这样不仅能拉近人与人之间的距离，还可以像那位编辑一样，在心理上不怯场。

一般人在和名人或有头衔的人见面时，都会产生胆怯的心理。如果气势被对方压倒，你就不太敢开口说明要求的事，这样就会冷场，如此一来双方都很尴尬。这时不论多小的事情，都有可能谈不成，所以首先要谈论对方的兴趣、近况等，以显示自己对他的事非常了解，对他的人也很关注。

跟随时代的潮流是为了引领这个潮流。在这个潮流的浪尖上，我们都有自己的宏伟蓝图，如果你做到了自我实现，在人们心中你的地位自然上升。如果你魄力不足，不妨施以巧计，在变通中寻找出路，从而走向成功。大家在面对一个难题时，要懂得变通，多想出路，也许这里是个死胡同，但那里却别有洞天。

坦然接受无法改变的现实

　　理想很丰满，现实很骨感。我们总会为自己编织一个完美无缺的梦，但梦终究是梦，它终归会埋没在现实的洪荒中。面对无法改变的现实，我们只能坦然地接受，才能笑对人生。

　　人生的天空既有风和日丽，也会有雨雪交加，当我们的人生出现意外时，我们的人生轨迹就会出现偏差，这时候若一味地埋怨现实，只会让自己陷入更大的烦恼。

　　有时现实的残酷是我们无法回避、无法选择和无力改变的，我们不如去学会坦然接受。接受不可改变的现实，并不是逆来顺受，而是以一种顺其自然的心态，很客观地分析现存状况的能力，以尽快对其适应，没有这样能力的人是谈不上坦然面对的。

　　生活如此繁复，人不可能事事顺心、处处如意。如果终日因为那些自己根本不可能改变的客观环境而怨天尤人，就根本没有办法也没有时间感受那些原本属于自己的快乐，更不用谈追寻自己的理想和兴趣了。

　　因此，无论是在生活还是在工作中，只要尽了自己的全部努力，就应该对自己表示满意，并尽量享受其中的乐趣——对于每一个人来说，一种冷静、豁达和务实的心态至关重要。

　　已故的美国小说家塔金顿常说："我可以忍受一切变故，除了失明，我绝不能忍受失明。"

　　可是，在他60岁时候，医生却告诉了他一个残酷的现实："你即将失明，有一只眼差不多全瞎了,另一只也接近失明。"

塔金顿最恐惧的事终于发生了,可面对着这个无法改变的事实,他没有怨天尤人,而是选择了坦然去接受,并积极地配合医生进行治疗。在完全失明之后,塔金顿还平静地对家人说道:"我现在已经完全接受了这个事实,也可以面对任何状况了。"

为了恢复视力,塔金顿在一年内得接受 12 次以上的手术,而且只是采取局部麻醉。他甚至放弃了私人病房,和病友们住在大众病房,并且幽默地逗病友们开心,以助他们康复。当他必须再次接受手术时,他甚至提醒自己是何等幸运:"多奇妙啊,科学已进步到连人眼如此精细的器官都能动手术了。"他甚至还说:"我不愿用快乐的经验来替换这次机会。"

就是这份坦然面对苦难的生活方式,终究成就了他不朽的人生。

一位名人曾经说过:"有所作为是生活的最高境界,而抱怨则无所作为,是逃避责任,是放弃义务,是自甘沉沦。"不论我们遭遇什么样的处境,如果只是喋喋不休地怨天尤人,那么注定于事无补,反而会把事情弄得更加糟糕,相信这也绝不是我们的初衷。无论如何,我们都不应该怨天尤人,得要学会坦然地面对现实,用上天所赋予我们的力量,去努力、去奋斗、去适应,从而改变自己的生活并获取幸福。

你改变不了过去,但你可以改变现在;你想要改变环境,就必须先改变自己。这个世界,不会尽如人意,有时难免会让我们失望。但是,世界不会因你而改变,要想改变世界,就必须先改变自己。

很多时候,我们都会说这样的话:"要是他这样就好了。"其实,"己所不欲,勿施于人",我们又有什么权利要求别人为自己而改变呢?

一个一辈子没得到过幸福的老人终于去世了,他来到上帝的面前,有些不高兴地问道:"上帝,我要问问你,为什么你要剥夺我正常行走的权利?"

听到老人的质问,上帝没有说话,而是从身后拿出了一面镜子递给他。老人接了过来,看到镜子里出现了这样的场景:

疾病魔王正在飞翔，不断寻找下手的目标。突然，他看见一个小孩子，于是想要夺走他的健康。这时，健康女神拦在病魔的面前，厉声道："住手！多么天真多么可爱的孩子，你怎么下得去手？"

疾病魔王冷笑了一声，对健康女神说："你凭什么阻拦我？告诉你，你不要总想着用你的温情作为对付我的武器！我的责任就是把美丽变成丑陋，把聪明变成愚钝。这是我的使命，你无权干涉！"

健康女神愤怒了，大声喊道："那你也不能对这个孩子下手！你看，他多么快乐、多么无辜，如果你一味如此，将毁了他的一生、毁了他的一切，这是多么的残忍和狠毒啊！"

疾病魔王反驳道："这和我有什么关系？告诉你，不管他是孩子、青年还是老人，也不管他高贵还是低贱，这是我的原则！"

健康女神无奈地问："难道这个孩子注定要遭此劫难吗？"

疾病魔王说："也不尽然，其实在我的宫殿里有一个玻璃容器，里面装着无数只小球，小球上写着世界上所有活着的人的名字。每天出门之前，我都要随手从容器里抓取一把小球，小球上的名字就是我要袭击的人。"

"哎，"健康女神说，"可怜的不幸的人们啊！"说完，她悲伤地离去了。看到女神离开，魔王朝男孩飞了过去。从此，这个男孩拄着拐杖走在风雨里，一直到老……

看完这些，老人叹道："世人一直认为残疾是我注定的命运，从而像对待另类一样歧视我。真是遗憾啊！他们无法得到这样一面镜子！"

生活中有些苦难既然已经发生了，那是我们自己无论如何也不能回避的，我们要做的是在命运历程中找到随机而改变苦难的突破口。

苦难往往是由于许许多多的过错造成的，也许诱因并不在于我们自身，可是我们所生活的时空是一体的，所有的生命都遵从着一样的章法，我们面对苦难时是无力回避的，而不是我们不想回避，我们不会因为苦难而怀疑生活前景的美好仍然在于我们的缔造，所以抱怨命运时，我们不如问问我们的命运究竟是什么?这可能就已经是在坦然面对了。

大文豪托尔斯泰说:"全世界的人都想改变别人,就是没人想改变自己。"命运对每个人都是公平的,就看你有没有把握住自己人生命运的能力。有的人善用习惯的力量让自己抓住了命运的手;有的人虽然最初与命运擦肩而过,但是因为他们改变了自己,才又能让命运转回了微笑的脸庞。

面对现实,并不等于束手接受生活给我们的所有的重轭。只要有任何可以补救的条件,我们都应该去做点什么以便获得重生或者使命运有了转机的可能!但是,当我们发现情势已不能挽回了,我们就不要再思前想后,做着徒劳无益的努力。要学会善用一颗豁达的心去接受不可避免的事实,才能在人生的道路上掌握好平衡,走好脚下的未来之路。

人生,不要无谓的坚持

执著固然是一种美德,但是,面对无望的事,执著就会变成钻牛角尖。俗话说:"不要在一棵树上吊死。"有的时候,执著并不是一种美德。

从小到大,我们所受的教诲都是要学会坚持,因为执著是一种做事的美德。

"精诚所至,金石为开","只要工夫深,铁杵磨成针","冰冻三尺非一日之寒"等等,都是教我们面对事情要努力坚持。事实上,许多"坚持"却都是以"放弃"为前提的。

有一种选择就是放弃,因为放弃是人生的一大智慧,有时候甚至是一种美德。它像秋天的落叶,孕育了春天的希望;它像蜕变的蛹,只有放弃旧裳才能拥有美丽的翅膀;它更像一条道路的分叉口,放弃一个分叉才能迎来另一个分叉的开始。一种崭新的开始，其实就是另一种生活的选择。

当然放弃并不意味着失去，人生本来就是这样的，追求就意味着不断地自我更新于放弃之中，在一个又一个放弃中，最终追求到完美的自我。

一位留美的计算机博士，毕业后留在美国找工作，结果好多家公司都不录用他，思前想后，他决定收起所有证明，以一种"最低身份"再去求职。

不久，他被一家公司录用为程序输入员，这对他说简直是"高射炮打蚊子"，但他仍干得一丝不苟。不久，老板发现他能看出程序中的错误，非一般的程序输入员可比，这时他亮出学士证，老板给他换了个与大学毕业生对口的专业。

过了一段时间，老板发现他时常能提出许多独到的有价值的建议，远比一般的大学生要高明。这时，他又亮出了硕士证，于是老板又提升了他。

再过一段时间，老板觉得他还是与别人不一样，就对他"质询"，此时他才拿出博士证，老板对他的水平有了全面认识，毫不犹豫地重用了他。

人生无需无所谓的坚持，有时候，退一步，可以进两步，甚至更多。在以退为进的人生中，才能找到属于自己的价值观，才能体验更加辉煌的人生。

伽利略开始是被父母送去学医的。但当他在学校被迫学习解剖学和生理学的时候，他却同时学习着欧几里得几何学和阿基米德数学，偷偷地研究复杂的数学问题，当他从比萨教堂的钟摆上发现钟摆原理的时候，他才刚满 18 岁。著名音乐人罗大佑的《童年》、《恋曲 1990》等经典歌曲深深影响和感动了一代又一代人。其实罗大佑起初是学医的，后来他发觉自己对音乐情有独钟，在这方面很有天赋，所以他弃医从乐，事实证明了他的选择是对的。我们庆幸他们没有做无谓的坚持，否则，我们将失去一个伟大的数学家，也不会听到如此美妙的音乐。

成功贵在坚持，坚持并不是毫无条件地一条道走到黑，并不是一味的没有来由的固执，"在一棵树上吊死"就说的是固执的人生理念。对于无望的事情，固执于钻牛角尖的执著里就是没有出息的表现。

坚持的意义更在于凡事有所作为，无所作为的坚持意味着前提条件有缺陷,或者已经发生改变。聪明人大多都会在坚持的途程中,时刻警醒于各种事物的变化,并能随着变化不断地调整自我。

固执,会阻碍我们的前进

我们不能否认执著对人生精神的推动作用,但也应看到,在一个经常变化的世界里,灵活多变的行动比有序的衰亡好得多。其实,在生活中,放下固执,懂得变通也是一种智慧。

我们的生活常常会出现这样的人,他们不知道为什么一直纠结在一个问题上面死不放手,整天把自己弄得像个陀螺一样团团乱转,却终究一事无成,还把自己的生活弄得一团糟……身为旁观者,我们无法了解他们的那种"坚持",其实,生活从来都不是直线,有时,我们放掉无谓的坚持,反而会海阔天空。

通常来说,我们在生活中经常会遇见两种异常固执的人,一种是还未认识到自己不对,另外一种则是明知自己不对,但是拒不认错。前者造成的失误或者失败情有可原,但如果是后者,我们就不能继续欺骗自己和别人,要勇敢地面对过失,改正我们的过去。

人生很多的挫折与失利,都是由过分固执造成的。做人谁都难免有这样或那样的缺点和错误,有了错误,要及时纠正自己,亡羊补牢,为时不晚。否则,认识不到自己的错误,或者明明知道自己错了,但是碍于面子不愿承认,打肿脸充胖子,就会陷到固执的泥泞之中。要知道生活中值得我们追求的东西很多,所以,我们不能一味地纠缠在那些毫无意义、毫无结果的东西上,这样只会浪费我们的时间和生命。

愚公移山是一个家喻户晓、妇孺皆知的故事。

太行和王屋两座大山，方圆七百里，高达几万尺，愚公的住处正对着这两座大山，为了出入方便，他下定决心用尽一切力量去搬掉这两座阻碍。于是，愚公带领一家人，不论酷热的夏天，还是寒冷的冬天，每天起早贪黑挖山不止。

有个智叟笑话他傻，但他从未对自己的决定动摇过，反而坚定地说："我虽然快要死了，但是我还有儿子，我的儿子死了，还有孙子，子子孙孙，无穷无尽，一直挖下去。山上的石头却是搬走一点儿就少一点儿，再也不会长出一粒泥、一块石头的。我们这样天天搬，月月搬，年年搬，怎么会搬不走山呢？"

故事的结尾说愚公移山的诚意为天帝所感动，派遣两名神仙到人间去把这两座大山搬走了。

作为万物之灵长的人类，要生存，要成功，就必须靠智慧，而不是靠蛮力。其实，我们只要动动脑筋，就不会作出移山的无望之举。要想出入方便，也大可不必率子孙去移山，我们可以搬家啊，搬家容易还是搬山容易？而愚公，却舍易求难，做为旁观者，也许我们真的无法理解。因此，有人做诗评价愚公移山："常佩愚公志不还，却疑所持过弥坚。门前只待通渠壑，何故偏移两座山？"

也许有人会说："愚公最后不是成功了吗？"可是，他的成功并不是靠他的蛮力完成的，而是靠外界的力量。

面对一些无望的事，我们要学会放弃，不能存有侥幸心理，也期望像愚公一样得到神仙的帮助，神仙只是传说，我们在生活中只能靠自己。有的事，我们无力做到，那么我们就放下，放下了才能让心灵得到放松，再想别的途径和方法，俗话说条条道路通罗马。

阿牛和大志是邻居，他们住在一个小村庄里，平常他们去山里干活总会搭个伴。

有一天，他们又一起去山里干活，却意外地发现了两大包棉花，他们欣喜万分，将这两包棉花卖掉，足以供家人几个月的衣食。当下两人各自背了一包棉花,赶路回家。

走着走着,大志看到山路上扔着一大捆布,走近细看,竟是上等的细麻布,足足有十多匹。他欣喜之余,和阿牛商议要一同放下背负的棉花,改背麻布回家。

阿牛却不同意,认为自己已经背着棉花走了一大段路,到了这里才丢下棉花,岂不枉费自己之前的辛苦,坚持不愿换麻布。大志只得一个人尽力背起麻布,继续前进。

又走了一段路后,大志望见林中闪闪发光,走近一看,地上竟然散落着数坛黄金,心想这下真的发大财了,赶紧劝阿牛放下肩头的麻布及棉花,改用挑柴的扁担挑黄金。阿牛仍然不愿丢下棉花,理由还是以免枉费辛苦,并且疑心那些黄金不是真的,劝他不要枉费力气,免得到头来一场空欢喜。

大志只好自己挑了两坛黄金,和阿牛赶路回家。走到山下时突然下了一场大雨,两人被淋了个湿透。更不幸的是,阿牛背着的大包棉花,吸饱了雨水,再也背不起来了,而且棉花也坏了。

不得已,阿牛只能丢下一路辛苦舍不得放弃的棉花,两手空空地和大志回家去了。

一个机智的人可以灵活运用一切他所知的事物,能在恰当的时间内把应做的事情处理好,这不只是机智,也可称之为艺术。聪明人与愚人的区别在于,聪明人懂得变通,懂得何时该坚持,何时该放弃,何时应改变。而愚人却只懂得顽固的坚持,一成不变的固守,就像故事里的阿牛和大志一样。

阿牛和大志之所以顽固就是因为看不透,但要做到看得透是需要条件的。

有的时候,如果目标正确,方法对头,这种顽固倒应该获得世人的认同甚至赞美。其实,现实生活中“傻人有傻福”这句话,更多的是一句善意的安慰、一种自欺的借口。人们更赏识的是“识时务者为俊杰”这样的人。

过分的执著就是固执,固执不是坚忍,而是愚蠢。在很多时候,我们都要学会放弃固执,变通行事。有许多满怀雄心壮志的人很有毅力、很坚强,但是由于不会进行新的尝试，墨守成规，固执己见，因而无法成功。

人生从来都不是一帆风顺的，我们总是会遇到各种各样的问题，如事业遇到瓶颈，爱情遇到危机，人生陷入低谷……此时一个念头的转变将会影响你的一生。这也是为什么有些人在遭遇背叛以后选择了两败俱伤，有些人则选择了重新开始的原因。不是后者比前者更具备什么精神，而是他们更懂得人生在有些时候是需要学会拐弯的，学会改变，学会适应，无谓地坚持有的时候也会变成害自己的武器。

其实，我们没有那么重要

永远不要因为自己手中的一点权力而飘飘然，永远不要以为自己是舞台的中心，其实，谁也不是太阳，你凭什么要让别人唯自己马首是瞻?放下身份和虚名，别把自己当回事，我们才能不断前进。

人有时候会觉得自己摔得很惨，其实是因为太把自己当回事了，认为自己不出手这件事情就办不好，其实没有你地球照样在转动，踏踏实实地做好每一件事情，以谦虚的姿态生活，就是别人眼中的高人。

其实，我们所有的不堪和烦恼，所有的担心和疑惑，也有可能都只是自己杯弓蛇影的自恋和自虐而已。每个人都有自己的事要做，谁会把自己的时间浪费在与己无关的那些八卦琐事上面呢? 即使是红极一时的明星的奇闻轶事也都是过眼云烟，更何况我们常人呢。事实上，我们在别人的心中，真的并不是那么重要!

因为工作的变动，阿明被调到了一个全新的部门，这个部门似乎没有以前的部门好，虽然是正常的工作调动，但他总是担心别人会说些什么，担心别人会

生命是一种心境

有这样的想法："怎么回事，他是不是因为犯了错误或者腐败而被调下来的呀！"于是他待在家中好久没有露面。

有一天，他出门买东西，在街上遇到一个熟人，那个人跟他打招呼："你不做老总啦?调到哪儿去了?"

阿明说："不做了，调北京办事处去了。"

那个人说："好呀，祝贺你呢!"

阿明笑笑："有时间去玩儿呀。"事后，阿明心里总有一种淡淡的感觉，害怕熟人是在笑话他。

过了不久，又碰到了那位熟人，他又问阿明："听说你不做老总了，调哪儿去了呢?"

阿明觉得：你这人怎么这样，这么不在意人，不是跟你说过了吗?但最后他还是淡淡地说，"我调北京办事处去了，有时间去玩儿。"

那人恍然大悟，说："对了对了，你上次说过的，对不起呀，我给忘了。"

听了那人的话，阿明心里突然明朗起来，好像一下子悟出什么来了。是呀，自己整天担心别人会说什么，整天把自己当回事，而别人早把自己忘了。于是，他照旧同原来一样，和朋友们一起喝酒聊天，他才发现，一切跟原来一样，大家还是那么热情。

生活中有许多像阿明这样的人，总以为自己活在镁光灯下，所有的人都在关注着自己，所以，我们担心自己的失败被人看到，自己的窘迫被人议论，其实，我们不是生活的中心，我们不会一直被人关注，昨天的不堪也早已被人忘记，我们要做的就是走好以后的路，因为，生活仍将继续。

生活中我们也常常会遇见这样的问题，大庭广众之下跌了一跤，在外面转了一圈之后才发现自己的衣服穿反了，脸上还有早餐留下的面包渣……这个时候大多数人就会很懊恼，不停地想象别人会怎样嘲笑自己，自己闹了多大的笑话。

可见，"别人会怎么看我"、"不能被别人议论"这些牵绊在我们心里已经是根深蒂固了，有时候甚至感觉我们就是为了别人的眼光、别人的评价而活着，而它们的杀伤力甚至重于我们自身的感觉。

其实，每个人自己的事都处理不完，根本没有多少人还会去关心与自己不太相关的事情，只要你不对别人造成伤害，不损害别人的利益，没有什么人会对你的失误或尴尬太在意的。也许第二天太阳升起的时候，别人什么事都没有了，只有你自己还在耿耿于怀。

所以，你应该学会放弃那些幻想，按照自己的意志去生活，只有这样你才能收获快乐，才能感受到生命中的美好。

20世纪的美国，有一名伟大的小说家和剧作家，他的名字叫做布思·塔金顿。他的作品《伟大的安伯森斯》和《爱丽丝·亚当斯》，都曾获得普利策奖，在世界上享有广泛的美誉。

在塔金顿的鼎盛时期，他曾经遇到过这样一件事：

有一年，一场规模宏大的艺术家作品展会拉开帷幕，塔金顿作为贵宾，参加了这一盛事。展会开始后，有两个可爱的小女孩来到他面前，虔诚地向他索要签名。

塔金顿用非常谦逊的口吻问道："亲爱的小家伙，我可以用铅笔给你签名吗？因为，我没有带水笔。"他知道她们不会拒绝，他这样做只是想表现一下自己平易近人的大家风范。

不出预料，小女孩们很爽快地答应了，并将她非常精致漂亮的笔记本递给他。他取出铅笔，潇洒自如地写上了几句鼓励的话语，并签上他的名字。

但没有想到的是，女孩看过他的签名后，不但没有了刚才的兴奋，还充满疑惑地问道："你不是罗伯特·查波斯啊？"

"难道你们不认识我吗？我是布思·塔金顿，《爱丽丝·亚当斯》的作者，且是两次普利策奖的获得者。"他非常自负地解释道。

但是，小女孩们并没有为他的解释所动，只是充满稚气地说："对不起，我们认错人了，我们以为你是电视演员罗伯特·查波斯。"女孩说完就毫不犹豫地将签名擦掉了。

这件事虽然让塔金顿很尴尬，但是却是他人生中不愿抹去的人生经历。是啊，他是两次普利策奖的获得者，但是，小女孩喜欢的是罗伯特·查波斯，不是他塔金顿，她们签名索要错了，所以，不会在笔记本上留下他的签名。这件事也从此点醒了塔金顿，要放下盛名，做一个最初的自己。因为，我们都只是一个普普通通的人，仅此而已。

在匆匆人生行程中，我们每一个人都只不过是一个过客，即使你有多么大的成就，最后只是"一抔净土掩风流"。所以，在我们仅有的生命旅程中，我们不能为自己的虚名所累，要及时地调整自己，让自己的人生之路更宽更远。

其实，在社会这个大舞台上，你并不是唯一的主角，或许，你自认为很了不起，其实你在别人的眼里也不过只是一粒沙而已，所以，我们不能太把自己当一回事，这样，只会让自己陷入尴尬和苦恼的境地。

成功之路不是独木桥

鲁迅曾说："其实世上本没有路，走的人多了，也便成了路。"生活中，只会盲从他人，不懂得另辟蹊径的人，将很难赢取成功和荣耀。其实，条条大路通罗马，只要达到目的，走的是水路还是陆地又有什么分别呢？

人生的道路有千万条，条条大路都能通罗马，每条路都是我们的选择之一。所以一旦这条路行不通，不要犹豫，立即换一条路。行行出状元，千万不要勉强自己，否则只会越来越糟，耽误时间不说，还误了美好的前程。

有一个大学生，在校时成绩很好，大家对他的期望值也很高，认为他必将有一番了不起的成就。最后，他真的有了成就，但不是在政府机关或大公司里有成就，而是卖蚵仔面线卖出了成就。

原来他是在大学毕业后不久，得知家乡附近的夜市有一个摊子要转让，他那时还没找到工作，就向家人借钱，把它顶了下来。因为他对烹饪很有兴趣，便自己当老板，卖起蚵仔面线来。

刚开始时，有很多人都不理解他的行为，认为一个大学生，当代的天之骄子竟然出来摆摊卖面线，真是件很丢人的事情。但是，他没有太在意别人的眼光，而是坚持做自己的生意，他也从未因自己学非所用及高学低用而怀疑过自己的决定。

他的大学生身份虽然招致很多人不理解的眼光，但他诚恳待人的生活态度，却打动了很多人，他的经营也因他的文化功底而红火非常。后来，他的生意越做越大，并就此掘到了自己人生当中的第一桶金。

这个大学生的经历就很好地为我们诠释了条条大路通罗马的道理，成功的道路有很多，我们可以用勇气开辟光明的大道，也可以用巧计另辟蹊径，只要你实现了自己的目标，谁又会在乎你是踩在巨人的肩上还踩在垃圾的肩上呢？

人的身份是一种"自我认同"，这本来并不是什么不好的事，但这种"自我认同"也是一种"自我限制"，也就是说，怀有这种认同感的人常常会想：因为我是这种人，所以我不能去做那种事。

通常来说，自我认同越强的人，自我限制也就越厉害，所以，博士不愿意当基层业务员，高级主管不愿意主动去找下级职员，知识分子不愿意去做没有文化的工作……他们认为，如果那样做，就有损于自己的身份，其实这种所谓的身份只会让人生之路越走越窄。

一个人若想在社会上走出一条路来，就不要在乎别人的眼光和批评，做你认为值得做的事，走你认为值得走的路。条条大路通罗马，我们也可以用自己的个性，演绎不同的人生。

学会转弯,就会柳暗花明

任何事物的发展都不是一条直线的,聪明人能看到直中之曲和曲中之直,并不失时机地把握事物迂回发展的规律,通过迂回应变,达到既定的目标。

在人生的单行道上,不会一直畅通无阻,当我们的人生遇到瓶颈的时候,我们要懂得转弯,否则单凭一股向前的闯劲只会让我们头破血流。

在生活中,我们难免会因为一些竞争而与对手针锋相对。矛盾也许不可避免,但是我们没有必要跟对手斗个你死我活,如果真的躲不过去,也不要跟对手硬拼,要懂得利用智慧和技巧,在方法上取胜。

聪明人懂得在危险中保护自己,而愚蠢的人却喜欢依靠蛮力,即便耗掉自己全部的精力也要与对手拼个高下,弄得自己没有任何回旋的余地。

顺治元年(1644年),清王朝迁都北京以后,摄政王多尔衮便着手进行武力统一全国的战略部署。当时的军事形势是:农民军李自成部和张献忠部共有兵力40余万;刚建立起来的南明弘光政权,汇集江淮以南各镇兵力,也不下50万人,并雄踞长江天险;而清军不过20万人。

如果在辽阔的中原腹地同诸多对手作战,清军兵力明显不足。况且迁都之初,人心不稳,弄不好会造成顾此失彼的局面。

多尔衮审时度势,机智灵活地采取了以迂为直的策略,先以怀柔政策拉拢南明政权,集中力量打击农民军。南明当局果然放松了对清的警惕,不但不再抵抗清兵,反而派使臣携带大量金银财物,到北京与清廷谈判,向清求和。这样一来,多尔衮在政治上、军事上都取得了主动地位。

顺治元年七月，多尔衮对农民军的打击取得了很大进展，后方亦趋稳固。此时，多尔衮认为最后消灭明朝的时机已经到来，于是，发起了对南明的进攻。当清军在南方的高压政策和暴行受阻时，多尔衮又施以迂为直之术，派明朝降将、汉人大学士洪承畴招抚江南。

顺治五年，多尔衮以他的谋略和气魄，基本上完成了清朝在全国的统治。

回旋的策略，十分讲究迂回的手段。特别是在与强劲的对手交锋时，迂回的手段的高明、精到与否，往往是能否在较短的时间内由被动转为主动的关键。就像多尔衮一样，用迂回的手段，不跟对手硬拼，最后各个击破，完成了统一。

在获得成功的道路上，有无数的坎坷与障碍，需要我们去跨越、去征服。人们通常走的路有两条：一条路是找出对手的弱点，并给予致命的一击，用最直接的方法，快速解决问题。另一条路是懂得放弃，不跟对方硬拼，全面增强自身实力，在人格上、知识上、智慧上、实力上使自己加倍地成长，从而更加成熟、更加强大，在策略上战胜对方。

美国著名企业家李·艾柯卡在担任克莱斯勒汽车公司总裁时，为了争取到10亿美元的国家贷款以解公司之困，他在正面进攻的同时，采用了迂回包抄的方法。

一方面，他向政府提出了一个现实的问题，即如果克莱斯勒公司破产，将有60万左右的人失业，第一年政府就要为这些人支出27亿美元的失业保险金和社会福利开销，政府到底是愿意支出这27亿呢，还是愿意借出10亿极有可能收回的贷款？另一方面，对那些可能投反对票的国会议员们，艾柯卡吩咐手下为每个议员开列一份清单，清单上列出该议员所在选区所有同克莱斯勒有经济往来的代销商、供应商的名字，并附有一份万一克莱斯勒公司倒闭，将在其选区造成的经济后果的分析报告，以此暗示议员们，若他们投反对票，因克莱斯勒公司倒闭而失业的选民将怨恨他们，由此也将危及他们的议员地位。

这一招果然很灵，一些原先强烈反对给克莱斯勒公司提供贷款的议员不再反对了。最后，国会通过了由政府向克莱斯勒公司贷款 15 亿美元的提案，比克莱斯勒公司原来要求的多了 5 亿美元。

有一则脑筋急转弯这么说："一个人要进屋子，但那扇门怎么拉也拉不开，为什么？"回答是：因为那扇门是要推着开的。

可见，事物的迂回发展的策略的确是有规律可循的。

在一些暂时没有办法解决的事情面前，我们应该学着变通，不钻牛角尖。有更好的机会就赶快抓住，不能一条路走到黑，生活不是一成不变的，有时候我们转过身，就会发现，原来我们身后也藏着机遇。

人生从来都不是一帆风顺的，总是会遇到各种各样的问题，如事业遇到瓶颈，爱情遇到危机，人生陷入低谷……一个念头的转变就有可能会影响一个人的一生。这也是为什么有些人在遭遇背叛以后选择了两败俱伤，有些人则选择了重新开始的原因。不是后者比前者更具备什么精神，而是他们更懂得人生在有些时候是需要学会拐弯的，坚持有的时候也会变成毒害自己的毒药。

直击问题要害，免走弯路

人在迷惑的时候，往往会有许多心结打不开，这通常都是因为自己钻牛角尖、固执己见，听不进别人的逆耳忠言所致。所以当我们遭遇不顺、陷入烦恼的时候，无论迷惑、愚痴或邪见，只要不固执，就有办法化解。如果方法错了，越坚持反而走得越慢。

工作中，许多人在面对难题的时候，总是永不言弃，但最后只能头破血流、两败俱伤。原因就在于没有找到问题的关键，从而使解决问题的方向错了，这样只会适得其反。其实，变一回视线，换一个角度，找一下方法，就是一个全方位转机的开始，难题就会迎刃而解。

有一天，动物管理员发现一只袋鼠从笼子里跑出来了，于是大家一起开会讨论怎么办。

最后，所有的人都一致认为是笼子的高度过低了，于是他们决定将笼子从原来的 10 米加高到 20 米。可是，第二天，他们又发现有袋鼠跑到外面去了，他们不得不又将笼子的高度再加高到 30 米。

但是，让他们没有想到的是，第三天所有的袋鼠全都跑到外面去了。

一下子，管理员们都紧张得不得了，于是他们决定一不做二不休，把笼子一次性加高到 100 米。

动物们看见笼子在不断地加高，都觉得很奇怪。在一次闲聊中，长颈鹿问袋鼠说："你看，他们还会不会把笼子继续加高呀？"

一只袋鼠回答说："这很难说，如果他们继续忘记关门的话。"

想必大家都听过这个笑话，很多时候我们都把它仅仅当一个笑话来听。现在想起来，其实，这个笑话里蕴含了一个深刻的道理，那就是我们在面对问题的时候要保持头脑的绝对清醒，善于思考，直击问题的要害，找出解决问题的最直接的方法，从而达到自己的目的。

大多数情况下，正确的方法比坚持的态度更重要。事有本末之分，我们在做事情的时候要分清本末，在这个小故事当中，关门是本，加高笼子是末，管理员们没有分清矛盾的主次，没有找到解决问题的正确方法，所以只能一错再错了。

有两个朋友分别住在沙漠的南北两端，由于干旱，饮水成了最大的问题。幸运的是，在沙漠的中心有一眼泉水，为了能够喝到水，每天他们都要到沙漠中心去挑水，日子过得非常辛苦。

这两个朋友每天都在约定的时间到泉水处，他们先是聊聊天，然后分别挑起水回家，就这样一直坚持了五年。

忽然有一天，南边的那个朋友在泉水处没有见到北边的那个朋友，他心想："他大概睡过头了。"可是第二天，他还是没有见到北边的那个朋友来挑水。过了一个星期，北边的朋友始终没有来，南边的朋友着急了，以为对方出了什么意外，于是就去北边看望他的朋友。

等他到达北边的时候，远远地看见他朋友家的烟囱上冒出浓烟，还闻到了菜香味儿。"这哪里像一个星期没有水的样子？"他心想。

"我都一个星期没见到你挑水了，难道你不用喝水吗？"南边的朋友问。

"我当然不会一个星期不喝水！"说完，北边的朋友把南边的朋友带到他家的后院，指着一口井说："五年来，我每天都抽空挖这口井。我们现在都还年轻，还有力气每天走很远的路去挑水，可你有没有想过，等我们老了那该怎么办？就在一个星期前，我的井里开始有水了。这口井我足足用了五年的时间才挖成。虽然这过程很辛苦，但是以后我就不用走那么远的路去挑水了！"

从故事中可以看出，每天都坚持辛苦挑水并非最佳的方法，找到水源才是最根本的方法。北边的朋友是一个有长远眼光的人，他懂得在生活中总结经验，让自己不再走弯路，找到了解决问题的根本方法，从而改变了自己的生活。

人生的关键时刻，不能仅凭一套哲学，就强渡所有的难关。聪明的人之所以懂得处理各种事务，就是因为：凡事直击问题要害处，这是出发点，也是理念，方式方法都是次要的。

灵活地运用智慧，做最正确的判断，必有正确的方向，这样的人生才不会走弯路。

木秀于林，风必摧之

俗话说："枪打出头鸟。"一个人做事太过高调，就会成为众矢之的。在生活中，我们要学会韬光养晦，我们要明白显眼的花草最易招来别人的摧折。

中国有这样一个成语，叫"韬光养晦"，换句话说，就是"有所为有所不为"，这是一种做人做事的哲学，它既能有效避免我们成为出头椽子，又能出其不意地让我们获得成功。

木秀于林，风必摧之，想要让自己的人生旅途一帆风顺，少一点挫折，就必须要学会收敛炫耀之心，懂得适当低头，这对每个人而言都是一门必不可少的学问。

低下头是为了养精蓄锐，为了自保，只有做到暂时的"低头"，才能够有以后的"抬头"，否则的话，就会像台风中的树木被连根拔起，或者被拦腰折断，这是非常不值得的。

19世纪中叶，在一系列战役中，俄军被法军打得大败，实力大为减弱，刚登基的亚历山大一世为重整旗鼓，与拿破仑展开了新的较量。

不过，这一次俄国没有选择正面对抗，而是使用了新的斗争策略，以卑微的言辞讨好对方，处处表现出退让的姿态，以屈求伸。

俄国的这种表现，拿破仑自然也非常高兴，因为他找到了对付英国的助手。所以亚历山大一世见到他就投其所好："我和你一样痛恨英国，你对他采取措施时，我将是你的一名得力助手。"

就这样，拿破仑被亚历山大一世打动了。1808年秋，拿破仑在埃尔富特邀请亚历山大进行会面。之所以举办这次会面，是因为拿破仑为了避免两线作战，以法俄两国的伟大友谊来威慑奥地利。

消息传到俄国宫廷，激起一片抗议声，所有人都在抨击亚历山大的懦弱。皇太后给他写了封信："亚历山大，切切不可前往，你若去就是断送帝国和家族，悬崖勒马，为时未晚，不要拒绝你母亲出于荣誉感对你的要求。我的孩子，我的朋友，及时回头吧。"

不过，亚历山大却没有听取他们的意见。因为他知道，目前俄国的力量不够强大，还必须佯装同意拿破仑的建议，应该"造成联盟的假象以麻痹之，我们要争取时间妥善做好准备，时机一到，就从容不迫地促成拿破仑垮台"。

尽管国内一直抗议，但亚历山大还是与拿破仑进行了会晤，两人形影不离。有一次看戏，当女演员念《俄狄浦斯》剧中的一句台词："和大人物结交，真是上帝恩赐的幸福"时，亚历山大居然装模作样地说："我在此每天都深深感到这一点。"

到了1812年，亚历山大经过不断发展，认为俄国已经有了对抗的实力，于是，他借故挑起战争，并且一举打败了拿破仑。事后亚历山大总结经验时说："波拿巴认为我不过是个傻瓜，可是谁笑到最后，谁才是胜利者。"

无论在职场或是生意场中，我们都应学会韬光养晦，学会控制急躁心理，不让自己的一切被他人洞悉。太急于显露自己的才能和实力，只能给人带来自高自大的印象，更主要的是会使你过早地成为人们的竞争对手，倘若你没有厚积薄发的底牌，一旦成为强弩之末，那只有被人嗤之以鼻，逐出场外。

韬光养晦的策略，不仅能麻痹对手，同时，也可以为自己积攒人气，更带来充实实力的时间。由于在幕后的策划常常不为人所知，在前台洋洋自得的对手也就无法知道你的真实意图和具体打算。以暗处攻击明处的目标，可以说，几乎是百发百中，屡试不爽。

有两个气球，一个好大喜功，总想胜人一筹。当看到同伴的个头和它一般大的时候，它很不服气，因此它努力吸更多的空气。

为不使同伴超过它，它贪得无厌地吸食着气体，把躯体撑的又肥又胖，皮肤薄得透明，而且光润有泽。就这样，它还不满足，又把自己的气嘴扎紧，怕漏了一丝空气。而另一只气球，不似同伴那样争强好胜，它吸进的空气并不太多，总是保持在自己能承受的范围内，它的肤色当然不如同伴那么光亮，气嘴扎得也不太紧。

有一天，有一个小男孩看到了他们。

"哇，好漂亮的气球。"小男孩摸着那个好大喜功的气球，情不自禁地夸赞。

这个气球得意洋洋地斜睨了同伴一眼，说："看看你，那寒酸样，你再看看我，多么的有光泽，你真丢我们气球的脸。"同伴并没有被它激怒，仍然默默无闻。

忽然，小男孩调皮起来，他整天的使劲压迫那只漂亮的气球，那只气球为了保持自己的光泽，一直不肯松口，结果它不堪重负，"砰"的一声爆碎了。

当那小男孩来压迫另一只气球时，它毫不吝啬地释放一些空气，虽然损失了一些空气，但保全了自己，所以这只气球仍然健在。

现实生活中，我们很多人就像那只好大喜功的气球一样，总带着一股令人欣喜的朝气蓬勃，却也有一种让人反感的情绪——恃才傲物。我们总以为通过几年学习，实力远在他人之上，工作中不免出现浮夸的心理。殊不知，书本知识和社会知识完全是两回事。结果，正是因为自己的洋洋得意和发牢骚，受到了同事与上司的排斥和挤兑，自己在这种环境下，心理状态越来越差，自己却依旧找不到原因。

其实，我们在工作中得不到快乐，并不是因为能力的制约，而是不懂得低调的道理。正如蘑菇，它生长在阴暗的角落，得不到阳光，低调得难以置信，却从没停止成长的脚步。当它长到足够高度的时候，就开始被人关注，此时，它自己已经能够接受阳光了。

蘑菇的经历，就是一种顺其自然的态度：不强求快速长大，不沮丧当下的生活。作为年轻人,想要取得进步,想要在进步的路上收获快乐与幸福,那么就必须向蘑菇学习。在人生的很多时刻,成长总是默默实现的,急切的心理,只能起到"揠苗助长"的反作用。

第二辑

不在攀比中追赶幸福，幸福反而在前头

比或者不比，别人都在那里；比还是不比，却可由自己选择。心中是否宁静，也靠它维系。窗外的纷纷扰扰，能否打乱你内心的宁静，与窗外的风声有多大无关，它取决于你自己的定力和修为。一花一世界，一鸟一天堂，没有相同的人生，何必互相比较？

艳羡别人，会看不见自己的幸福

生活是自己过的，不是表演给别人看的，我们不要盲目地羡慕别人的幸福，凡事攀比只会使自己的生活陷入低谷，把压力推向高峰，甚至还会忽略本就属于自己的幸福。

大千世界，万事万物，它们的产生与存在都各有方式，很多东西是不能统一标准、整齐划一、相提并论或简单相比的，作为万物之灵长的人类，更是各有各的活法，各有各的思想，你有你的快乐，我有我的快乐，那么，我们又何必把自己逼到死胡同里面去呢？

正所谓人比人，气死人，我们在生活工作中，如果处处和人攀比，在心理上就很难达到平衡，"境由心造，相由心生"，人的心情决定一切，良好的心境是可以通过自我心态调适创造出来的。因此，人们要学会不攀不比，活在自己当下的角色里，活出属于自己的精彩。

许多时候，人们往往觉得得不到的就是最好的，总是觉得别人的东西比自己好。其实，我们应该想到，也许，只有自己所拥有的才是最适合自己的。我们应该珍惜当下，发现自己的富足，感谢上天所赐予我们的一切。

随着商业社会的不断发展，在生活中，我们判断成功的标准也开始发生变化，有钱与否逐渐成为衡量成功的标准。那些能够发财致富的人受到人们的普遍肯定，而没有发家致富的人，就被看成这个社会的落伍者。

但是，发家的历程是很艰辛的，不可能所有人都能发家致富，所以大多数人还是过着平常的日子。在这种情况下，于是我们便艳羡别人赚了钱，买了房，买了车等等,面对自己和别人的差距,我们每个人的内心世界或多或少地都有一些不平衡心理,这就是造成压力的根源所在,这种压力会降低一个人的自我满足感,享受不到生活的快乐,反而带来无穷的苦恼和不平。

你眼中的他人的快乐与幸福,并非真实生活的全部。人生百态,每个生命都有欠缺,每个人都各有各的烦恼,不必与人作无谓的比较,珍惜自己所拥有的一切就好。

或许,羡慕别人是人的一种天性。看到人家好,人家强,凡夫俗子,哪个不心动?生活的差别无处不在,而艳羡之心又是难以克服。但是,假如我们能换一种思维模式,学会理性地分析生活,你也许会发现,其实,终其一生,生活对每一个人都是公平的。

人生是一个由起点到终点,短暂而漫长的过程,在这个过程中每个人所拥有和承受的福寿禄、喜怒哀乐、爱恨情仇都是一样的、相等的。这既是自然赋予生命的规律,也是生活赋予人生的规律,只不过我们享用、消受的方式不同,这不同的方式,便演绎出不同的人生。

生活在这个大千世界里,每个人都有自己的个性和特色,每个人都有适合自己的生活空间。而一味地羡慕和比附,等于是抛弃自己的个性和特色,没有特色的自己,何谈魅力?肤浅的羡慕,无聊的攀比,笨拙的仿效,终日活在他人的影子下,处处幻想成为他人,就是没有自己,这是人生的悲哀。

一青年总是埋怨自己时运不济,生活不幸福,于是终日愁眉不展。

这一天,走过一个须发俱白的老人,他问道:"年轻人,你为何如此不高兴呀?"

"我不明白我为什么老是这么穷,别人却都那么的富有。"年轻人回答说。

"穷?我看你很富有嘛!"老人由衷地说。

"这从何说起?"年轻人问。

老人没有正面回答,反问道:"假如今天我折断了你的一根手指,给你1000

元,你干不干?"

"不干!"年轻人回答。

"假如斩断你的一只手,给你 1 万元,你干不干?"

"不干!"年轻人没有犹豫。

"假如让你马上变成 80 岁的老翁,给你 100 万元,你干不干?''

"不干!"年轻人坚定地摇着头。

"这就对了,你身上的钱已经超过了 100 万元呀!"老人说完,笑吟吟地走了。

这个故事告诉我们,那些老认为自己太差,比不上别人的人,不是他们真的就一无是处,而是他们心灵的空间挤满了太多的负累,因此无法欣赏到自己真正拥有的东西,忽略了自己的幸福。

生活中我们总是羡慕那些明星、名人日日淹没在鲜花和掌声中,名利双收,以为世间苦痛都与他们无缘。这是羡慕别人的盲区,也是我们老是羡慕别人光鲜处的原因。事实上,走进明星、名人的生活,他们同样有着我们不为人知的心酸。

俗话说,人生失意无南北。宫殿里也会有悲恸,茅屋里同样也会有笑声。只是,平时生活中无论是别人展示的,还是我们关注的,总是风光的一面、得意的一面。于是,站在城里,向往城外,而一旦走出了围城,就会发现生活其实都是一样的,有许多我们一直在意的东西,在别人看来也许根本就不算什么。

所以,我们完全没有必要将自己的眼光一直投放在别人的生活上,多多关注一下自己,欣赏一下自己的人生,只有这样才能让你彻底体会到生活的快意。

朋友们,在生活中只要做好自己就可以了,一味羡慕别人只会给自己带来超量的心理负荷,给自己凭空地添加许多烦恼与忧虑。让我们剔除掉那些不必要的烦扰,给自己一个快乐的空间吧!

失败，是因为我们没有找对位置

俗话说："三百六十行，行行出状元。"每个人都有自己的个性与爱好，我们只要找出自己的特长，给自己一个正确的定位，成功就离你不远。

没有一个人生来就是弱者，只是有的时候我们找错了人生的方向而已，在这个时候，我们不要一味地否定自己。要相信，一个再无特色的人都有自己的优点，只要我们善于发现，术业有专攻，那么，在那个既定的领域里，你就一定可以成为佼佼者。

唐代文学家柳宗元曾遇见这样一个木工，他连自己家里的木床坏了也不会修理，但却夸下海口说自己能够建造一所房子，这令柳宗元难以相信。

后来，柳宗元在另一个工地上又遇到了这位木工，这次他没有做他的木工活，只见他在那里有条不紊地发号施令，那些工匠们在他的指挥下，都井然有序地工作着。

这位木工也许并不是一位好的木工，但却可以很好地领导那些出色的木工完成任务。可见，他是一位优秀的领导者。

有人说："垃圾，是放错了位置的宝贝。"这句话说得有一定合理性的，垃圾如果放在垃圾堆里，它只能是垃圾，但是把它放在回收站里，合理利用，它就会变成宝贝。

从某种意义上来说，我们的生命放在什么样的位置，就能在什么样的位置发光。找到一个适合自己的位置，比去寻找如何才能成功更具有实际意义。

一位心理学博士就曾经感慨地说："我从事心理学研究十几年，一个最真切的感受就是做人要有清晰的定位。"一个人在社会生活中,总要处于一定的社会位置。人生其实就是一台戏,我们都在扮演一定的社会角色,在这个过程中,人往往是被动的,难免会出现这样那样的不平衡,台上一分钟,台下十年功,人人都羡慕那些成功的人士,却很少有人记得他们背后浸透了多少奋斗的汗水和艰辛的过程。

在杰克读高中的时候,一天,校长找到他的母亲说:"你的儿子也许不适合读书,他的理解能力非常差,甚至比不上比他小很多的孩子。"

他的母亲听后很伤心但也很无奈,只得把杰克给领回家,她决定在家里自己培养他。可是一段时间以后,他的母亲也发现杰克对学习根本就不感兴趣。

一天,母亲带着杰克去街上买东西,当他们路过一家正在装修的超市时,杰克发现有一个人正在超市门前雕刻一件艺术品,杰克对此产生了浓厚的兴趣,他凑上前去,好奇而又用心地观赏起来。

从那以后,母亲发现杰克只要看到什么材料,包括木头、石头等,必定会认真而仔细地按照自己的想法去打磨和塑造它,直到它的形状让他满意为止。母亲很着急,她怕儿子玩物丧志,耽误了学习。

最终,杰克还是让母亲失望了,他不爱学习所以未能考上大学。此时,他在母亲的眼中是一个彻底的失败者,他心里也很难过,但还是决定远走他乡去寻找自己的事业。

许多年后,市政府想雕塑一个名人的塑像放在广场上,以此来纪念这个名人。面对这样的机会,众多的雕塑大师纷纷献上自己的作品,每个人都期望自己的作品能被选中,这将是难得的荣耀和成功,最终一位远道而来的雕塑大师获得了市政府及专家的认可。

在雕像落成时,这位雕塑大师说:"我想把这座雕塑献给我的母亲,因为我读书时没有获得她期望中的成功,我的失败令她伤心失望。现在我要告诉她,大学里没有我的位置,但生活中总会有我一个位置,而且是成功的位置。我想对母亲说的是，希望今天的我没有让她再次感到失望。"

这个雕塑大师就是杰克。在人群中，杰克的母亲喜极而泣，她终于明白自己的儿子不笨，只是当年她没有把他放到一个合适的位置上而已。

像杰克一样成功的例子并不少见，许多对世界做出杰出贡献的人，都从小被老师认为在某方面不聪明，就连爱因斯坦都因那个做坏了的小板凳而被老师讥笑，然而他后来却成了世界闻名的物理学家。

现实生活中，父母因为望子成龙、望女成凤心切，不根据孩子的兴趣，按照自己的理想规划孩子的人生，从而违背孩子意愿地对其进行培养，殊不知这样可能会压抑孩子的学习兴趣，以至于对学习失去兴趣。只有合适的定位，才有助于理想的实现，否则埋没的将是一个天才，这并不是在耸人听闻。

是小鸟，你就飞翔；是蜡烛，你就发光。每一样东西，每一个人都有自己的特点和使命。只有找准了自己的位置，人生才有成功的可能。

因此，人活在世上，要想摒弃平庸的生活、追求成功就要首先给自己一个定位。我们在给自己定位的时候，一定要了解自己的优势和弱势，明白自己的追求和愿望，只有这样，才能找到适合自己的位置。给自己合理的定位，少走些弯路，我们也将早日摆脱庸碌的压力，回归轻松自信的生活状态，相信你的人生也会更加的精彩！

不要让嫉妒蒙蔽了自己的心

培根曾说："嫉妒这恶魔总是在暗暗地、悄悄地毁掉人间的好东西。"现实生活中,有很多人都有着"妒人之能,幸人之失"的心态,其实,嫉妒心重的人往往会失去朋友,还会造成人际关系紧张,对自己的事业发展和生活安定有百害而无一利,我们要走出妒忌的阴影,才能拥有属于自己的明天。

每个人或多或少都有一些嫉妒心理,这是人的一种天性。妒忌心理的产生源自于人内心的一种比较,属于一种内心情绪体验。这种比较就会导致人内心的一种不平衡,于是,运用正确,就会奋发图强,有所作为;不能正确理解就会抱怨、嫉妒、仇视,使自己整天生活在痛苦之中。这种情绪是极其消极的。

我们的妒忌心理主要来源于名誉、地位、钱财与爱情这四个方面,更有甚者,只要是别人拥有而自己没有的,他就统统妒忌。就像下面的这个故事,一个人竟然会妒忌一头大象,真是让人匪夷所思,也让我们明白了妒忌心理的可怕之处。

在很久很久以前,有一位国王饲养了一群大象。在这些大象里,有一头象全身白皙,毛柔细光滑,长得很特殊。于是,国王将这头象交给一位驯象师照顾,让他好好地训练它,好当他参加庆典的坐骑。

这位驯象师遵照国王的意思很用心教它。这头白象通晓人性,也十分聪明,过了一段时间之后,他和驯象师已建立了良好的默契。

庆典的日子到了,国王打算骑着这头白象去观礼,于是驯象师将白象清洗、装扮了一番,把它教给了国王。

国王骑着白象，领着一群官员进城看庆典。这头白象实在太漂亮了，全国民众都围拢过来看它，都称其为象王。这时，骑在象背上的国王很不高兴，觉得所有的光彩都被这头白象抢走了。他走马观花地绕了一圈后，就十分不悦地回到了宫中。

一入王宫，国王便问驯象师："这头白象，难道是有什么特殊的技艺吗？"

驯象师回答说："它的技艺有很多，但不知道国王您指的是哪方面？"

国王说："它能不能在悬崖边展现它的技艺呢？"

驯象师说："应该可以。"

国王就说："好，那明天就让它在悬崖上表演吧。"

第二天，驯象师依约把白象带到那悬崖处。

国王问道："这头白象能以三只脚站立在悬崖边吗？"

驯象师说："这简单。"他骑上象背，对白象说："来，用三只脚站立。"果然，白象立刻就缩起一只脚。

国王又说："它能两脚悬空，只用两脚站立吗？"

"可以。"驯象师就叫它缩起两脚，白象很听话地照做。

国王继续习难说："它能不能三脚悬空，只用一脚站立？"

驯象师一听，明白了国王的真实用心，就对白象说："你这次要小心一点，缩起三只脚，用一只脚站立。"白象也很谨慎地照做着。

围观的民众看了，热烈地为白象鼓掌喝彩！国王越看心里就越不平衡，他狠狠地对驯象师说："它能把后脚也缩起，全身悬空吗？"

听了国王的话，驯象师悄悄地对白象说："国王存心要你的命，我们在这里会很危险，你就腾空飞到对面的悬崖吧？"没有想到的是这头白象竟然真的把后脚悬空飞起来，载着驯象师飞越悬崖，飞到了邻国。

邻国的人民看到白象飞来，所有的人都欢呼了起来。邻国的国王很高兴地问驯象师："你从哪儿来？为何会骑着白象来到我的国家？"驯象师便将事情的来龙去脉一一告诉国王。国王听完之后，叹道："人为何要妒忌一头象呢！"

的确，人何必要去嫉妒一头大象？嫉妒心理的阴影蒙蔽了人心，人就会失去理智。为什么我们要拿别人的优点来折磨自己呢？嫉妒别人的长相，嫉妒别人的青春，嫉妒别人的风度，嫉妒别人的才学，嫉妒别人的富有……在这些嫉妒心理的左右下，我们还有自己的人生吗？

德国有一句谚语："好嫉妒的人会因为邻居的身体发福而越发憔悴。"所以，妒忌其实是一把双刃剑，害人害己。一个人若有一点妒忌心是很正常的事，它还有可能成为自己前进的动力，奋发的源泉，可这种情绪不能无限扩大。它犹如野草，稍一放纵便蔓生滋长，遍布整个心灵，给自己的生活蒙上了一层阴影。因此，我们必须走出妒忌的阴影，这样才能保持一颗平和的心。

锱铢必较，会让我们感觉不到幸福

幸福是什么样子，没有人能说得清。其实，幸福只是一种心境，我们要想幸福，就要有正确的心态，只要不计较得失，心灵就会满足，从而享受幸福的喜悦。

我们身边总有这么一些人，他们总是郁郁寡欢，感受不到生活的乐趣。一切都是因为他们少了豁达的心胸，因为一些小事耿耿于怀，从而使自己变得斤斤计较、偏激、固执甚至于痛苦。

其实，只要我们不那么斤斤计较，我们就会发现，一时的得失真的不会左右我们的一生，抱住那些不快不放才会使我们失去幸福的机会。

如果我们永远凭着过去生活的习惯和经验，固守已经获得的功名利禄，为了进一步的权钱职位、风头利益去争夺，什么样的生活方式都让我们眼花缭乱，什么朋友熟人都不怕得罪,这样我们就会疲于应付,把很多时间和精力都花在无谓的纷争和无穷的耗费上。不仅自己的正常发展受到限制,甚至会迷失自己的方向。

二战时期,有一个美国军官在一艘潜艇里遭到了一支驱逐舰队的猛烈攻击,他立刻潜到 150 英尺地方。6 枚深水炸弹在他的四周爆炸,他直往深达 276 英尺的水底下沉,此时的他惊恐万分。

一般来说,如果潜水艇在不到 500 英尺的地方受到攻击,深水炸弹在离它 17 英尺之内爆炸的话,那么它就会在劫难逃。这个美国军官吓得不敢呼吸,他近乎绝望了。在电扇和空调系统关闭之后,潜艇的温度升到近摄氏 40 度,但他全身冰冷,感觉不到丝毫的温度。15 小时之后,攻击停止了,那艘布雷舰离开了,这个美国军官死里逃生。

后来,这个美国军官说,这 15 小时的攻击对当时的他来说就像过了 1500 年,每一分每一秒都是煎熬。在这 15 个小时里,过去所有的事都跑到他的脑海里,包括所有的担忧和烦恼,快乐与悲伤。他曾经为工作时间长、薪水太少、没有多少机会升迁而抱怨;他也曾经为没有办法买自己的房子,没有钱买部新车子,没有钱给妻子买好衣服而发愁;他非常讨厌自己的老板,因为这位老板常给他制造麻烦;他还记得每晚回家的时候,自己总感到非常疲倦和难过,常常跟自己的妻子为一点小事吵架;他也为自己额头上的一块小疤发愁过。

他说:"多年以来,那些令人发愁的事看来都是大事,可是在深水炸弹威胁着他的生命的时候,这些事情又是多么的荒唐、渺小。"

就在那个时候,他向自己发誓,如果他还有机会活下去的话,他将永远永远不会再忧虑,轻松快乐地过完余生。

是的,人生中总是有很多的琐事纠缠着我们,它是致使我们不快乐的根源,这个美国军官如果不是因为这次事件让他在生命即将终结的时候醒悟过来,那么我们可以想象他的心胸被这些小事一直占据,他的人生不会有晴天的。面对那些鸡毛蒜皮的事情，我们唯一的选择就是了解人生的意义，主动有意识地摒弃它，不能与它斤斤计较，因为心胸狭窄是幸福的天敌，只有这样，我们才会轻轻松松地过好每一天。

学会选择，懂得放弃是一种智慧更是一种幸福，为什么很多人成功了反而感到失落？许多人在埋头苦干时，尚未发掘人生的终极目标，只是为忙碌而忙碌着，未曾洞悉自己心灵深处的所欲所求，也不曾审视过自己的人生信条：你到底要做什么？什么是你生命中最重要的？你生活的重心是什么？只有确立了符合价值观的人生目标，才能凝聚意志力，全力以赴且持之以恒地付诸实现，才有可能获得内心最大的满足。

这是在他以前装修房子的时候所发生的一件事情，虽然这件事情已经过去多年，但在他的心中却一直挥之不去。

在新房装修工作进入尾声的那天下午，随着油漆师傅一声"全部都好了"，他和他的母亲一起兴高采烈地去参观他们即将入住的新房。

那天，他们从楼下走到楼上，查看整体的成果，一切都令他们相当满意。可是最后，他却发现在厨房的水槽下面有一个锈迹斑驳的旧水泵，在经过粉刷后的墙面的衬托之下，显得是那么的刺眼。

他不好意思请师傅去处理那个不属于他工作范围的旧水泵，他跟母亲建议，向师傅借一些油漆，将水泵外壳涂上漆，让两者之间的差距小一些。好心的师傅听后二话没说，就准备动手为他们处理这个问题。

就在师傅打算开始动手时，他和母亲闲聊起来："这个水泵是做什么用的？"

"没有什么用呀，它早就已经坏了！"他母亲回答道。

"啊？那还有电吗？"师傅接着问。

"没有，线路都被拆掉了！"他回答。

师傅说道："那为什么还要漆，何不干脆整个拆掉算了呢？"现场顿时一下子安静下来，大家面面相觑。是啊，为什么不拆掉呢？

"那不要漆啦,你借我螺丝刀,我帮你们拆掉!"不到三分钟,油漆师傅就处理好了那个放在那好几年的旧水泵。

他突然想,人的心不就是这样吗?

在我们的心中,也许都住着一个锈迹斑斑的旧水泵——也许那是我们错爱了的一个人;也许那是我们曾经在生命历程中遭遇的挫折伤害;也许那是我们习以为常的偏见与固执……明明是可以放下的,但我们却缺少将它除去的动力,就任由它在我们心中摆放着,任它在我们心中生根、荒芜,甚至,有的时候我们还会为它穿上完美的外衣,给它加上一个回忆的标签,让自己一度的沉湎其中,不能自拔。亲爱的朋友,整理自己的心情吧,将那些荒芜去除干净,别让它成为你快乐的累赘,你会发现,幸福其实很简单。

人生就是一个不断追求的过程,追求让自己的生命变得圆满。然而追求也并不是事事都要争到底,恰恰相反的是我们要随时准备放弃。放弃那些沉重的包袱,你才能继续你的追求之旅。

生活中不可能什么东西都能得到与拥有,追求获得,也要学会放弃,人生就是一个不断选择与放弃的过程。放弃得当,是对捆绑自己的背包的一次清理,丢掉那些不值得你带走的包袱,拿走拖累你的行李,你才可以一身轻松地走自己的路,人生的旅行才会更加愉快,你才可以登得高行得远,看到更多更美的人生风景。学会适当放弃,可以使你轻装前进,攀登人生更高的山峰。

吃亏,并不是什么坏事儿

生活中没有绝对的公平,有时吃点儿亏是很正常的事情。也许,在我们的人生道路上正是因为吃过这样的亏,才让我们以后的道路更加平坦,才让我们的心更加踏实。

郑板桥曾说过:"吃亏是福。"这绝不是阿 Q 式的精神自慰,而是一生阅历的高度概括和总结。在日常生活中,人与人之间的交往难免有利益冲突,面对自己的利益和别人的利益有所冲突的时候,我们就要做好取舍,我们宁愿自己吃一点亏,放弃一些,这样往往会大事化小,小事化了,给事情一个最完美的结局。

我们不得不承认,随着社会的发展,我们生活的环境越来越重视功利,但倘若我们每个人都只是重视自己的利益而不肯为别人做一些放弃,这样最终会无路可走。

阿美是个刚毕业的大学生,初入社会就去了一家合资公司的外贸部工作,不幸的是她碰上一个只懂拍马屁,其他什么都不懂的主管。

主管每天下班后没有什么事儿,就主动向他的上司提出自己要加班,以显示自己是多么的敬业,结果白天整理好的文件反而弄得一团糟,出了错误后,他又将责任全部推给阿美。阿美是个文静的女孩子,从来都不会去争辩,她忍气吞声地等着上司发现事情的真相,结果等了很长时间,还是没有等到一句公道的话。

一气之下,阿美就去了另一家外资公司。在那里,她工作得非常出色,博得了许多同事的赞许,但即使她做得再好,也没法使苛刻、暴躁的经理满意。她感到非常地失望,又萌动了跳槽的念头,于是她向总裁递交了辞呈。

总裁先生没有过多的挽留阿美，只是告诉她自己处世多年得出的一条经验:如果你讨厌一个人,那么你就要试着去爱他。总裁说,他曾经就在一个非常苛刻的上司身上找出了优点,就是这个优点让他坚持了下去,很出色地完成了每一个工作任务,结果他的上司也逐渐喜欢上他了。

阿美虽然还是讨厌她的经理,但已悄悄地收回了辞呈。她说:"现在想开了,作为一个成熟的人应该放开心胸去包容一切、爱一切。吃点小亏又算得了什么呢?换一种思维看人生,你会发现,乐趣比烦恼多得多。"

其实任何一个成功的人,都是在不断吃亏中逐渐成长起来的,并在每一次吃亏中吸取经验和教训,使自己的阅历更加丰富,从而使自己变成一个成熟睿智的人。

在我们很小时候,大人们曾告诉我们要懂得计较得失,不能吃亏,吃了亏就会被形容为"傻"、"笨"。其实则不然,吃亏并非是一种软弱的表现,是一种包容的气度,一种福气,一种以退为进的处事方略。所以,当我们吃了亏,一定不要再期待得到回馈,拥有这种心态,就能够永久地保持快乐的心态。

在生活中,有三种人是不肯吃亏的:等一种是度量小的人,吃了亏就想不开,茶饭不思,好像被剜了肉一样,最终伤了身体,吃了大亏;第二种是火气太大,吃了亏后随即就开始双脚跳,轻则破口大骂,重则大打出手,将事情弄得不可收拾,吃大亏;第三种是心眼小的人,吃了亏就要睚眦必报,常常让与其共事的人怨声载道,失去人气,让自己因小失大。以上这三种人因为过分计较得失,最终是都要吃大亏的。所以,如果你是以上三种人中的一种,最好要及时改正自己,在生活中该放的就放下,切莫因精于算计而让自己遭受大损失。其实,有的时候,我们吃点小亏却会占大便宜。看看下面这两个小故事,或许会令我们产生一点小小的感触。

一个是说在深圳有一个没有文化的农村妇女,刚到深圳的时候她是给人当保姆,后来她在街头摆上了卖胶卷的小地摊,她的小摊有一个特色,那就是卖一个胶卷永远只赚一角钱。

就是因为这个只赚一角的特色为她吸引了不少顾客,顾客也从中得到了实际利益,于是,她的生意越做越大。

规模扩大后她开了一家摄影器材店,她还是秉承一个胶卷赚一角的理念。市场上一个柯达胶卷卖23元,她卖16元1角,这个薄利多销的经营方式使得她批发量大得惊人,深圳凡是搞摄影的都知道她。

有一次,有一个外地人的钱包不小心丢在她那儿了,她通过各种渠道最终找到了失主;有时候算错账多收了人家的钱,她会立刻找到人家还钱……这些事迹都为她赚来了不少的回头客,也使她声名远播。

另一个是说有一个建筑老板,他也是没有文化,也没有什么背景,但他的生意却出奇地好,而且是越来越红火。

于是,有人便问他的成功秘诀,他说,这其实很简单,那就是吃小亏,赚大钱。具体的做法就是在与每个合作者分利的时候,他都只拿小头,把大头让给对方。听起来他是很吃亏,但是,如此一来,他就留住了很多客户。凡是与他合作过的人,都希望与他继续合作,而且还会介绍一些朋友,再扩大到朋友的朋友,也都成了他的客户。

所有人都说他好。其实,我们想想虽然他每次只拿小头,但所有人的小头集中起来,就成了最大的大头,最后,他成了真正的赢家。

在两个小故事中,一个半文盲妇女,另一个是没有文化的建筑老板,在深圳这个商海里,竟然能够打败众多的竞争对手,使自己占有一席之地。但是我们只要好好地想一下其中的道理,我们就会明白:有的时候,吃点小亏真的没什么,我们的眼光要长远一点才能取得最后的成功。

有人说吃什么也不能吃亏,吃亏就意味着退让与牺牲,但是,能够吃亏也不失为一种胸怀和风度。不怕吃亏的人,才能得到心灵的宁静,才会在一种平和自由的心境中感受到人生的幸福。

生活中很多的不快乐是因为自己吃了亏,认为"吃亏"就意味着"失去",认为吃亏是一种极其愚蠢的行为。然而,很多时候,我们所说的一些"亏"只不过是事情的表象而已。有时候,一件看似吃亏的事情,最终往往也会变成对你非常有利的事情。

苛求完美,只会平添烦恼

金无足赤,人无完人,这个世界上没有什么是完美的,太过追求完美就会变得苛刻,也很难做成大事。一个做大事的人,一定不是个吹毛求疵的人。

瑕疵与错误本来就是生活的组成部分,很多人也许不知道,一公升的糙米经碾过以后,就会消耗掉百分之五的分量,剩下的才是精纯的白米。但是因为从前的碾米机比较粗糙,所以白米里面常常会夹杂着一些碎米糠,许多人在这个时候就会面临一个选择。要么把掺杂了碎米糠的米全部挑出来,要么把它掉价卖出去。

如果你太在乎这些碎米糠,想将它们全部挑出来的话,就一定要花掉很多很多时间和精力,这样的话,你就没有余力去做别的工作,反而会得不偿失,与其这样还不如选择把它贱价卖出,这样看似有所损失,但是你却腾出了你的精力和时间,可以在其他方面获利。

其实不管你做什么事,都一样会碰到类似的问题。当你在做一件事的时候,肯定会有像米糠一样的瑕疵。

事事追求完美是一件痛苦的事,它就像是毒害我们心灵的药饵。这个世界本来就不是完美的,过去不是、现在不是、将来也不是。人如果事事追求完美,那就是自讨苦吃,自己跟自己过不去。

一位得道的高僧逐渐年老体衰,已经预感到自己将不久于人世。于是,他决定从两个徒弟中选一个作为衣钵的传人。为了找到最合适的传人,他决定考验一下这两个徒弟。

一天,这个老和尚对徒弟们说:"你们出去给我拣一片最完美的树叶,谁找到了谁就是我的传人。"两个徒弟领命而去,各自奔走。

没过一个小时,大徒弟就回来了,递给师傅一片并不漂亮的树叶,并且毫无任何难过之意,而是轻松地看着师傅。高僧看着他,淡淡一笑,心里说:"这片树叶虽然并不完美,但是它已经是我看到的最完美的树叶了,因为我已经从大徒弟的身上,看到了自己所需要的东西。"

大徒弟已经回来半天了,二徒弟才走回寺中,却空手而归,他对师傅说:"师傅,我看到了很多很多的树叶,但是怎么也挑不出一片最完美的树叶。"高僧听完,哈哈大笑起来,却什么也没有说。

几天后,老和尚把衣钵传给了大徒弟。二徒弟见此,心里有些不满,找到师傅理论。师傅看着他,说:"世界上本来就没有绝对的完美,如果那么完美,哪还有喜怒哀乐,众生百态?看来,你师哥比你要更懂得人生!"

"拣一片最完美的树叶",人们的初衷总是最美好的,但如果不切实际地一味找下去,一心只想十全十美,最终往往是两手空空。直到有一天,我们才会明白:为了寻找一片最完美的树叶,而失去了许多机会是得不偿失的。

生活也不可能完美无缺。也正因为有了残缺,我们才有梦,才有希望。当我们为梦想和希望而付出我们的努力时,我们就已经拥有了一个完整的自我。十全十美在现实生活中是很难找到的,这种完美之事只存在于人的想象中。

人的美好并不完全取决于完美无缺,而恰恰是因为有缺憾才会有追求和拼搏,才会使自己的生命分外多彩。

有一位挑水夫,他有两个水桶,分别吊在扁担的两头,其中一个桶有裂缝,另

44

一个则完好无缺。在每次长途的挑运中，完好无缺的桶，总是能将满满一桶水从小溪边送到主人家中，但是有裂缝的桶到达主人家时，只剩下半桶水。

两年来，挑水工就这样每天挑一桶半的水到主人家。当然，好桶对自己能够送满整桶水感到很自豪，破桶对于自己的缺陷感到非常羞愧，它为只能付出一半的责任而难过。

饱尝了两年失败的苦楚，破桶终于忍不住了，在小溪旁对挑水夫说："我很惭愧，必须向你道歉。"

"为什么呢？"挑水夫问道，"你为什么觉得惭愧？"

"过去两年，因为水从我这边一路的漏掉了，你只能送半桶水到主人家，我的缺陷，使你做了全部的工作，却只收到一半的成果。"破桶说。

挑水夫替破桶感到难过，对破桶说："待会儿我们去往主人家的路上时，我要你留意路旁盛开的花朵。"

走在回家的山坡上，破桶突然眼前一亮，它看到缤纷的花朵开满了路的一旁，沐浴在温暖的阳光之下，这景象使它开心了很多。

但是，走到小路的尽头，它又难受了，因为一半的水又在路上漏掉了！破桶再次向挑水夫道歉。

挑水夫温和地说："你有没有注意到小路两旁，只有你的那一边有花，好桶的那一边却没有开花吗？我明白你有缺陷，因此我善加利用，在你那边的路旁撒了花种，每次我从小溪边回来，你就替我一路浇了花。两年来，这些美丽的花朵装饰了主人的餐桌。如果你不是这个样子，主人的桌上也没有这么好看的花朵了。"

破桶听了之后，心情终于释然了。

木桶的不完美，成就了路面鲜花的完美。可以这样说，一种不完美往往是另一种完美的代言。当生命中有个小小的缺口，不要悲观怨叹，因为它可能让我们永远有追求幸福的动力。我们要正视缺陷，不要苛求完美。

过于苛求完美，则很可能遭遇失败。当然，完美主义也有可能会获得成功，但成功的到来并不是因为有了这些完美的标准。研究表明，苛求完美在工作效率、人际关系方面都会受到严重损害，甚至会导致自我挫败。原因是他们以歪曲的、非逻辑的思维方法看待生活。完美主义者最普遍的思维方法是"要么全有，要么全无"。

这首先导致完美主义者的工作效率低下，他们要求一切都尽善尽美，否则不如不做。认真的态度是每个人都需要的，不管是在工作中还是生活中。工作因为认真而变得出色，生活因为认真而变得精致。我们鼓励认真的态度，是为了让自己的人生变得幸福和充实。然而，生活中有些人却往往认真得近乎于偏执，不管做什么事都追求完美，不容许自己有一点点失误，不允许生活有一点点瑕疵，结果常常因为对自己太过苛求而搞得身心疲惫不堪，由此，还会影响自己的工作和人际关系的和谐。

其实，人世间，完美与不完美只存在于一念之间。苛求完美只会离完美越来越远，放弃苛求完美，我们会发现人世间的一切都有它自己的独特之美。俗话说："水至清则无鱼，人至察则无徒。"现实生活中，如果对人、对事、对自己都太过于苛求，就会使自己生活在孤寂和焦灼之中，结果适得其反，所以，一定要学会放弃苛求完美的冲动，以免陷入过于苛求完美的陷阱。

不计较瑕疵,才能得到美玉

"众里寻他千百度,蓦然回首,那人却在灯火阑珊处。"人的一生总在不断地寻求,其实,有的时候,那个东西其实我们早已经寻到,只因为自己的标准定得过高,使自己变得苛刻。最终我们却自己都不知道自己想要的是什么,从而迷失了自我。

每个人都应该有自己既定的目标,并积极努力地向这个目标靠近。但无论怎样的生活都不会是一块无瑕的美玉,环境的变化往往出乎你的意料,在这个时候,我们就不能太过苛求,努力做好自己就可以了。

有一只木车轮被人砍下了一角,它非常地伤心郁闷,它下决心要寻找一块合适的木片重新使自己完整起来,于是离家开始了长途跋涉。

这个残缺不全的车轮走得很慢,一路上,风光旖旎,它看见了各种美丽的花朵,高大的树,一望无际的原野,它还和草叶间的小虫攀谈,听林间的小鸟欢唱……当然它也看到了许许多多的木片,但都不太合适。

终于有一天,车轮发现了自己寻觅很久的,适合自己的木片,它惊喜万分,马上将自己修补得完好如初。修好的车轮跑得非常快,它忽然发现,因为自己跑得太快,所以再也看不清花儿美丽的笑脸,大树的英姿,也听不到小虫善意的鸣叫,小鸟悦耳的歌声……车轮沮丧地停了下来,它想回到原来的世界,于是它把木片留在了路边,自己缓慢地向前走去。

从这个故事我们也可以体会到,许多苦恼的根源来自于人们心中的一个误解:必须做到尽善尽美,才能获得别人的好感。当人们踏上追寻完美的不归之路时,生活便渐渐变成了专门为他们捕捉过失的陷阱。所以,我们总是因怀疑自己做得不够好而愧疚与担心,担心爱我们的人会因此对我们感到失望,结果却适得其反。

世界上绝对完美的东西是不存在的,因为每个人的视角也都不一样,每个时代的审美也都不一样。什么是美?怎样才算美?在每个人心中有着不同的天平,所以,我们就更无需事事追求完美,让所有人都满意是不可能的事情,为此而伤神更是极其没必要的。

从前,有两孤儿自幼拜一高人为师。当两人成年以后,师父把他们叫到面前说:你们都成年了,应该有自己的将来和梦想,由此往北行,在那群山深处有块绝世美玉,只要你们寻得那块绝世之宝就可以下山追寻自己的将来了。

两人次日就离开师父出发去北方寻找山中美玉。师哥是一个注重实际,不好高骛远的人。有时候,即使发现的是一块有残缺的玉,或者是一块成色一般的玉,甚至有些奇异的石头,他都统统装进了行囊。

过了几年,到了他们师兄弟约定会合的时间,此时他的行囊已经满满的了,尽管没有师父所说的绝世完美之玉,但造型各异、成色不等的众多玉石,在他看来也足以令师父满意了。后来师弟到了,两手空空,一无所得。师哥介绍了自己这些年的收获。师弟说,你这些东西都不过是一般的珍宝,不是师父要我们找的绝世珍品,拿回去师父也不会满意的。更不会要我们下山。师弟说,我不回去,我要继续去更远更险的山中探寻,我一定要找到绝世美玉。师哥再三劝说他都无动于衷。

师哥只好带着他的那些东西回到了从小生活的山上。将自己的收获一一呈现在师父面前,还介绍了自己与师弟相遇时师弟的探宝情况。师父听后点了点头说:你做得很好,明天你可以带着你的珍品下山了。还告诉他说,你师弟不会回来了,他是一个不合格的探险者。他如果幸运,能中途醒悟,明白至美是不存在的这个道理,是他的福气。如果他不能醒悟,便只能以付出一生为代价了。

师哥下山后用那些造型各异、成色不等的众多玉石开了一个珍奇玉石馆,在他的努力下将那些玉石、奇石一一加工,都成了稀世之品。短短几年,师哥的珍奇玉石馆已经享誉八方,在他寻找的玉石中,有一块经过加工成为了不可多得的美玉,被国王御用作了传国玉玺,师哥因此也成了倾城之富。

很多年以后,师父的生命已经奄奄一息。师哥回山探望师父,并对师父说要派人去寻找师弟。但被师父阻止了。经过了这么长的时间和挫折他都不能顿悟,这样的人即便回来又能做成什么事情呢?世间没有纯美的玉,更没有完善的人,没有绝对的事物,为追求这种东西而耗费生命的人,何其愚蠢啊!说完师父就驾鹤西去了。

这个故事告诉我们,世界上没有绝对完美的美玉,而我们在寻找它的过程中,要降低心中对美玉的标准,不能过于苛刻,否则你将一无所获。一个人即使再优秀也有缺点,再愚蠢也有优点,生活中我们也应该避免以完美主义的眼光,去观察每一个人,而应以宽容之心包容其缺点,从而把他们雕琢成我们心中的美玉。

其实,我们应该明白,世界并不完美,人生当有不足。没有遗憾的过去就无法链接人生。对于每个人来讲,不完美是客观存在的,无需怨天尤人。完美主义者表面上很自负,内心深处其实很自卑,因为他很少看到优点,总是关注缺点,如果总是不知足,很少肯定自己,自己就很少有机会获得信心,当然就会自卑了。

一个人即使再优秀也有缺点,同理,再愚蠢的人也有优点。学会欣赏别人和欣赏自己是很重要的,这是使人更进一步实现下一个目标的基石。不以放大镜去看缺点,避免以完美主义的眼光,去观察每一个人,而应以宽容之心包容其缺点。少些责难之心,多些宽容之心。你会发现,你的朋友会越来越多,你的人生之路也会越来越宽广。

缱绻人生，遗憾是份不错的答卷

世界并不完美，人生当有不足。没有遗憾的过去就无法链接人生。对于每个人来讲，不完美是客观存在的，无需怨天尤人；正因为不完美，才促使我们不断向前。

人生在世，总会有大大小小的遗憾，这个世界本就不完美，我们要坦然地面对这些遗憾，懂得知足，就会释然。爱情全仗缘分，缘来缘去，不一定需要追究谁对谁错。爱与不爱又有谁可以说得清？当爱着的时候只管尽情地去爱，当爱失去的时候，就潇洒地挥一挥手吧，人生短短几十年而已，自己的命运把握在自己手中，没必要在乎那些得与失、拥有与放弃、热恋与分离。

有这样一对性格不合的夫妇，丈夫8次提出离婚要求，而妻子就是死活不离。在法院判决中，女方总是胜诉，就这样一直拖了29年。29年的岁月过去了，这位妇女的青春年华在拖延不决中消失了，乌黑的头发已成白发，红润的脸颊变黄了，刻上了一道道岁月的伤痕，身体也被折磨得满身病痛。

由于妻子的坚持，婚姻仍然存在，然而爱情早已荡然无存。她失去了幸福的家庭，失去了自己的青春，失去了健康的身体，也失去了再婚的机会，孩子也没有因此得到真正的父爱。

最后，法院还是判离了。离婚后不到两年，这位不幸的妇女就因病情加重而离开了人世。

很多时候我们以为自己失去了很多，所以很伤悲，其实不用这么悲伤，当我们错过了这个，实际上已经得到了那个，比如一份感情，当我们痛惜曾经那么深爱的人竟然分开，其实如果是要分开，那么就一定有它分开的理由或者不合适的因素，大可不必为它那样伤怀。不适合的时候大家彼此松手实际上也是一种理智，当你失去这份不适合的感情的时候，才可能得到真正属于你的感情，失去的同时也是为下一次的得到打下基础。我们又何必悲哀呢？当真正失去的时候，我们不要沉浸在自己渲染的伤感氛围中无法自拔，其实很多的痛苦是自找的，你只要想着当你错过花的时候你就收获了雨，错过了他，我才遇到你，因为上一次的失败才使得现在成功。人要背着自己的行囊不断前行，而不是停止脚步来不断地吮吸自己的伤疤。

　　每一份感情都很美，每一程相伴也都令人迷醉。是不能拥有的遗憾让我们更感缱绻；是夜半无眠的思念让我们更觉留恋。感情是一份没有答案的问卷，苦苦地追寻并不能让生活更圆满。也许一点遗憾、一丝伤感，会让这份答卷更隽永，也更久远。爱情不是永久保证书。但你可以选择洒脱与幸福。

　　美国第26任总统西奥多·罗斯福8岁的时候，一副暴露在外、参差不齐的牙齿，那种畏首畏尾的神态，不管是谁看见了都觉得好笑，甚至于嘲笑他。当他在教室里被老师唤起来背书时，更显得局促不安，他的呼吸急促得好像快要断气了，两腿站在那里直发抖，牙齿也颤动得像要脱落下来一样。他背出的句子含糊不清，几乎没人听得懂，背完后，便颓然坐下，就像是疲惫不堪的战士，突然获得了休息。

　　也许你以为他一定会性格内向、文静怕动、神经过敏、不喜交际、常常自怨自艾，但是你完全错了，他没有因有了种种缺陷而气馁，反而因为有了这些缺陷而加紧了他的奋斗，这种奋斗并不是谁都能做到的。他经过长期的坚持和学习，才把那常常被人鄙视的气喘改成一种沙声，把齿唇的颤动和内心的畏缩改成卓越的口才和自信的行动。

　　缺陷造就了罗斯福一生的奋斗精神，这无疑是他经营一生伟业最可贵的资本。绝不把自己看作一个懦弱无能的人，当他看见别的孩子在操场上嬉笑、跳跃、东奔西跑、做着种种激烈的运动时，他也踊跃参加，从不退让。他和大家一样骑马、赛球、游泳、竞走，而且常常名列前茅，成为业余的运动家。他常常以那些坚定勇敢的孩子们为榜样，自己也常常体验冒险的精神，勇敢地对付种种恶劣的环境。当他和别人在一起时，他总是用亲切和善的态度去对待任何同伴，主动与他们接近。这样一来，他即使有着内向的自怜心理，也被自己的行动克服了。他深知上帝从来没有创造同一个标准的人，只要自己心境舒坦快乐，一切都将顺利得好像预先安排好的一般。

在他升入大学前，就经常自我鞭策，用有节律的运动和生活，恢复了他的健康。他使自己一改以前的懦弱，变成精力超众、强健愉快的人了。他常常乘假期之暇，到亚历山大去追逐牛群、到洛杉矶去捕熊、到非洲去捉狮子，那种勇敢强壮的姿态，谁还会想到他就是曾在学校里受窘的那个小学生呢？

罗斯福因为有缺憾，才有了奋斗的动力，才有了坚韧的毅力，这一切，又给他带来了人生的转机，缺憾成就了他一生的功名。事情往往如此，越是有缺陷的地方，越容易迸发勃勃的生机。

鲜花不是因为芬芳而圆满，而是因为既有芬芳又有凋谢才圆满；彩虹不是因为绚丽而圆满，而是因为经历了风雨终现缤纷的色彩才圆满。其实，我们每个人的一生中，总是会或多或少地留下一些遗憾。例如常有品学兼优之人，因考场发挥失常而名落孙山，于是命运陡转。奥运会上，稳操胜券的运动员常因突发身体不适而与金牌失之交臂，使之痛苦不已。

"人有悲欢离合，月有阴晴圆缺，此事古难全。"既然残缺在所难免，又何必为之伤怀？与其这样，不如静下心来好好地想一想算一算上天给自己的恩典，必然会发现自己所拥有的比失去的多出许多。虽然对缺失的那一部分深感惋惜，但毕竟力所难及。唯有接受它且善待它，这样的人生才会更豁达、更快乐。

第三辑

正确坚定的信念力，可以逆转人生

没有谁能决定你的人生处境，相信命运的安排是为自己的懒惰找的借口。每个人都是自己命运的主人，每个人都能成为自己命运的主宰，每个人都能创造出一个适合自己生长和发展的环境。要做到这一切，只需要成功运用自己的信念，发挥信念力的力量，你将会展现一个崭新的自己，开拓一个你意想不到的成功和丰富的人生。

要有远大目标才能拒绝平庸

心有多大，舞台就有多大。目标可以决定一个人事业的成败兴衰。有了远大的目标便不易满足，会不断地去奋斗，直到自己的目标成为现实。所以，伟大的目标必将成就不凡的未来。

人生的最终价值在于觉醒和思考的能力，而不只在于生存，即使我们再迷茫，我们也要把握好自己的人生方向，不要在现实的洪流中迷失了自己。这就要求我们，有一个远大的人生理想，让它成为我们的指航灯，给自己指明一个奋斗的方向，这样，我们才不会湮没在人海中，碌碌无为地过完一生。我们常听到人们谈论天赋、运气、机遇、智力和优雅的举止对于一个人的成功是多么重要。当然，除了运气和机遇，其他因素都十分重要，但是，如果有了这些条件却没有远大的目标，也是不会成功的。

长期风吹日晒的墙角边竟然生长出一棵小草，它刚钻出地面，便好奇地环视四周。

这是一个阴暗潮湿的墙角，四周都笼罩在一片灰暗之中，它不禁皱了皱眉头，抬头望了望搏击长空的雄鹰，一种仰慕之情油然而生，它也想像雄鹰那样拥有广阔的天地。小草很不甘心，同是世间生物，为何自己就要生存于这被遗忘的墙角之中，它渴望走出墙角，朝外面的世界看一眼，哪怕一眼也好。

于是，小草把自己的想法告诉了邻居青草，却遭来了它的热讽："我们就这个命，别怨天尤人了，听说外面危机重重，还不如这里呢！"

小草没有说什么，但走出去的信念却在心头滋生，它不愿永远做个井底之蛙，在墙角的那边，一定五光十色。

　　小草每天都在等待着每一个难得的进入者，但青草却讨厌这些不速之客的打扰。小草幻想着墙角那边的样子，蔚蓝的天空，碧绿的草坪，竞相绽放的花姐妹迎来一只只嬉戏的蝴蝶……小草陶醉其中，它心中的那份信念更加坚定了。

　　这天，一群小学生进入了墙角，义务做打扫工作。小草彬彬有礼地向他们诉说："我是一棵小草，我想出去瞧瞧，你们能帮助我吗？"

　　这群小学生原本还比较好奇，耐心地听着这一切，可仔细一听，笑笑走了。

　　小草叹了一口气，邻居青草笑道："也只有你这么傻，你看吧——你要是什么奇花异草，别人或许还会把你带回去种植，可你——"小草不予理睬，以青草的话来说，它又在做白日梦，青草无奈地摇摇头。

　　忽然，有一个小学生转回身来，同情地望望小草说："好，我答应你！"小草激动得热泪盈眶，不住地道谢。

　　青草眼睁睁地看着小草被放入花盆带走了，羡慕不已，悔不当初。

　　就这样，小草终于走出了墙角，看见了异彩纷呈的世界。后来，它竟被发现是一种很好的药材，用于制药。

　　阻碍我们成功的最大绊脚石往往就是这种错误的想法：认为天才或成功是先天注定的。就像故事中的青草一样，因为自己只是卑微的青草，便安心于生长在墙角，它认为这就是它的命运，事实也证明，安于天命，就只能在阴暗的墙角待一辈子。固然，一粒煮熟的种子即使在适宜的环境下也不会发芽、生长。但是，只是因为成不了高大的橡树，只是因为自己不可能像橡树一样高直，就不相信自己的能力，就处在犹豫和彷徨中浑浑噩噩地度过一年又一年，那是非常荒唐可笑的。我们只要有我们自己的目标，并为这个目标去不懈的奋斗，你就会像那棵小草一样，拥有异彩纷呈的世界。

　　美国有两位心理学家曾经做过这样一个实验。他们两人选择了一所小学的一个班级，帮全班的小学生做了一次测验，并于隔日批改试卷后，公布了该班 5

位天才儿童的姓名。

20年之后，追踪研究的学者专家发现，这5名天才儿童长大后，在社会上都有极为卓越的成就。这项发现马上引起教育界的重视，他们请求那两位心理学家公布当年测验的试卷，弄清其中的奥秘所在。

那两位已是满头白发的心理学家，在众人面前取出一只布满尘埃、封条完整的箱子，打开箱盖后，告诉在场的专家及记者："当年的试卷就在这里，我们完全没有批改，只不过是随便抽出了5个名字，将名字公布。不是我们的测验准确，而是这五个孩子的心意正确，再加上父母、师长、社会大众给予他们的协助，使得他们成为真正的天才。"

这个测验告诉我们，其实没有真正的天才，一切取决于自己的内心，如果有人说你是一位天才，你就对自己的期望与要求会更高，会为自己定下一个伟大的目标，你会因为自己是个天才而想拥有不同的人生。有了这些心理做铺垫，相信你就一定会有非凡的成就。

列夫·托尔斯泰说："理想是指路明灯。没有理想，就没有坚定的方向，而没有方向，就没有生活。"一个人未来的一切都取决于他的人生目标。

人生目标可以重塑一个人的性格，改变一个人的生活，也可以影响他的动机和行为方式，甚至决定命运。整个生活都是在人生目标的指引下进行的。如果思想苍白、格调低下，生活质量也就趋于低劣；反之，生活则多姿多彩，尽享人生乐趣。

热忱是工作的灵魂

一个人的成功与其说是取决于他的才能,不如说取决于他的热忱和脚踏实地。热忱是一个人努力前进的原动力,是我们最强的兴奋剂。

子曰:"知之者不如好之者,好之者不如乐之者。"热忱是工作的灵魂。热忱是战胜所有困难的强大力量,它让你去做内心渴望的事情。一个人要想获得成功,诚实、友善、淳朴、能干、忠于职守,是不可或缺的因素,但更不可缺少的因素是——热忱。

热忱是一种积极向上的精神力量,这精神力量的来源是伟大的目标。如果没有热忱,军队就不会打胜仗,音乐就不能动人心扉,诗歌就没有灵魂……当你不知为何而工作时,你便会缺乏工作的积极性,丧失前进的方向。只有你充分认识到工作的价值和重要性,真心地喜欢这份工作并为之付出极大的热忱,你才能够在工作中发挥你的最大潜能,不断自我创造和发展,在实现自我价值的过程中收获快乐。所以,只有在追求"自我实现"的时候,人才会激发出持久强大的热情,才能最大限度地发挥自己的潜能,最大程度地服务于社会。

众所周知,司马光的《资治通鉴》同司马迁的《史记》是史学史上的两颗明珠,至今仍为世人所推崇。司马光为编定《资治通鉴》翻阅了大量的书籍资料。宋神宗允许他借阅"集贤"、"昭文"、"史馆"三大书库的所有书籍。同时宋神宗还将自己私藏的 2400 余卷书贡献出来,供司马光参考。除此之外,司马光还参阅了大量的野史、谱录、正集、别集、墓志等资料。《资治通鉴》记载了上起周威烈王、下至五代周世宗的 1362 年的历史,全书 294 卷,还有《考异》、《目录》各 30 卷。

其规模之大，令人叹服。

在编著《资治通鉴》期间。司马光为自己规定，每三天修改一卷。一卷史稿四丈长，平均一天修改一丈多，若遇事耽误了，事后必须补上。每天晚上他总是让老仆人先睡，自己点上蜡烛工作到深夜，第二天凌晨又起身继续工作。天天如此，19年如一日。夜里，他怕因困乏睡过了头，便让人用圆木做了个枕头，木枕光滑，稍稍一动，头即落枕，人便惊醒。后人称此枕为"警枕"。司马光的住处，夏天闷热，无法工作，司马光便让人在屋子里挖一个大坑，砌成一间地下室。地下室冬暖夏凉，成了他编书的好地方。而当时的北京留守王宣徽每到夏天便到他名园的高楼上避暑享受，人们笑说："王家上天、司马家入地。"司马光修改过的书稿堆满了整整两间屋子。书法家黄庭坚曾看过其中的几百卷，发现这些书稿全部是用工笔楷书写成的，没有一个草字。可见，其治学之严谨，令人敬佩。

"脚踏实地"这一成语的来源就与司马光有关，有一天司马光问他的好友邵雍："你看我是怎样一个人？"邵回答说："君实，脚踏实地人也。"意思是说司马光研究学问，勤奋刻苦，踏实认真。

司马光为编写《资治通鉴》用了19年时间，开始编写时，司马光48岁，编完时，已是66岁的老人了。这19年，司马光"秉烛至深夜，警枕破黎明"。长期的伏案工作，耗尽了他的心血，刚过60岁，他便视力衰退，牙齿脱落，面容憔悴。《资治通鉴》写成后，还没等出版，司马光便与世长辞了。

皇帝宋哲宗为了悼念这位伟大的史学家，亲自临丧，并下旨为他举行了隆重的官葬。他家乡山西夏县的人们为纪念他，特为他建了墓碑亭，树起一块巨碑，这块巨碑连同底座高达9米，比帝王神道碑和墓碑还要高大。大文学家苏东坡为其撰写了碑文，宋哲宗的御笔亲书"忠清粹德之碑"字样于墓碑之上。

热忱是工作的灵魂。热忱是战胜所有困难的强大力量，它会驱使你去做内心渴望的事情，司马光就是用他的热忱为原动力，勤勤恳恳地去完成《资治通鉴》，没有抱怨，没有厌烦，而是满腔热忱，坚持去做。

　　我们在工作时,如果能以精益求精的态度,火焰般的热忱,脚踏实地地去做好一件事情,那么不论做什么样的工作,都不会觉得辛劳。如果我们能以满腔的热忱去做最平凡的工作,也能成为有成就的艺术家;如果以冷淡的态度去做不平凡的工作,绝不可能成为艺术家。各行各业都有发展才能的机会,实在没有哪一项工作是可以藐视的。

　　热忱,使我们的决心更坚定;热忱,使我们的意志更坚强。它给思考的人力量,促使我们立刻行动,直到把可能变成现实。热忱让我们在平凡的工作中享受快乐,在平凡的生活中享受幸福。

　　这个世界总为那些具有真正的使命感和自信心的人大开着绿灯,直到生命终结的时候,他们依然会热情不减当年地执著于他们所从事的工作。无论前途遭遇什么,前景看起来是多么的黯淡,他们也总是能够把心目中的理想图景变成现实,就因为热忱始终是他们工作的灵魂。

走出自卑的阴影

　　自卑心理的产生源自很多方面,一部分是因为本身的不足,但也有一部分是因为太在意别人的眼光。因为自卑,我们的生活没有了阳光。要想过上我们自己想要的生活,必须战胜自卑心理。

　　当一个人有勇气从黑暗中抬起头来,才有机会看到射来的那一束光亮,向着光明走去,把阴影留在后面。面对生命中遭遇的不幸,曾经快乐的我们,坠落于悲痛、沮丧和自卑的泥沼之中,从此自暴自弃。的确,面对出乎意料的打击,又有几个人能够毫不慌张呢?

生命是一种心境

当你认为自己有能力的话，你就会觉得各方面只要经过自己的努力都能取得成功。因为这个世界上没有任何人能够改变你，只有你能改变自己，也没有任何人能够打败你，也只有你自己。

因此，无论自身条件如何地限制于你，只要你具备良好的心态，就有可能经过你的努力达到目标。面对打击，心态出现波动，这本身无可厚非，但是，如果我们长久陷入其中，那么就会对身心产生不良的影响。这样的后果，就是让你每天活在卑微之中，丧失了生活最为基本的寻找快乐的本领。

有自卑心理的人总是用别人的眼光来过低地评论和挑剔自己，把自己限制在一个处处不如人的境地，认为自己与世间那些美好的事物无缘，给自己设置一连串的"不可能"：不可能像别人那样出色，不可能有那么大的作为，不可能取得那样大的成功……总认为自己渺小，做事情很少能够心中有数。其实，这个世界上，在你周围的人群中，比你强的并没有你想象得那么多。

美国阿肯色州的学生丽莎，是她所在镇里唯一来哈佛读书的人。在她准备起程到哈佛大学前，当地的人都为她能到哈佛上学而感到自豪，她自己也庆幸能有这样好的机遇。但是，丽莎的兴奋劲还没过，就忽然对自己的感觉直线下滑。她在哈佛上课听不懂，说话带土音，许多大家都知道的事自己却一无所知，而许多她知道的事大家却又觉得好笑，因此她在那里的日子过得很辛苦。她不明白自己为什么要到哈佛来受这份羞辱，她开始后悔自己到哈佛来上学。同时更加怀念在家乡的日子，在那里，没有人瞧不起她。

感到孤独无比的丽莎，觉得自己是全哈佛最自卑的人。无奈之下，她求助于心理咨询。心理医生如是开导她说：你已跨入了一个人类成长的"新世纪"，可你对已经过去了的"旧世纪"仍恋恋不舍。对于生活的种种挑战，不是想方设法去学着适应，而是缩在一角，惊恐地望着它们，哀叹你自己的无能与不幸。你对于能来哈佛上学这一辉煌成就已感到麻木。你的眼睛只盯着当前的困难与挫折，没有信心再去造就下一次人生的辉煌。你习惯了做羊群中的骆驼，不甘心做骆驼群中的小羊。同时你以高中生的学习方法去应付大学的学习要求,自然是格格不入,可你还是抱残守缺,不知如何改变。你因为自己来自小地方,说话土里土气,做事傻里傻气,就认定周围的人在鄙视你,嫌弃你。可你没有意识到,正是因为你的自卑,才使周围人无法接近你,帮助你。

的确,她生长在中南部地区,来东海岸的波士顿求学,面临的是一种乡镇文化与都市文化的冲突,她没有想到,哈佛对她来说,不仅是知识探索的殿堂,也是文化融合的熔炉。她身材瘦小,长相平常,多年来唯一的精神安慰就是学习出色。可眼下,面临来自世界各地的"学林高手",她已再无优势可言。

现在哈佛的她长相平庸,学习又平庸,这就彻底打破了她多年的心理平衡点,使她陷入了空前的困惑中。她悲叹自己来哈佛是个错误。可她忘了,多年来,正是这个哈佛梦在支撑着她的精神。她虽然战胜了许多竞争对手进入哈佛大学求学,却在困难面前输给了自己的妄自菲薄。她怨的全是别人,叹的全是自己。难怪她会在哈佛有自卑的感觉。她只有跳出往日光辉的"怪圈",全身心投入"新世纪",才能重新振作起来。总而言之,丽莎的问题核心就在于:她往日的心理平衡点彻底打破了,她需要在哈佛大学建立新的心理平衡点。

丽莎认定自己是全哈佛最自卑的人,陷入自卑的沼泽中。这说明她过于扩大了自己精神痛苦的程度,看不到自己在新环境中生存的价值。

于是心理医生一方面承认她当前面临的困难是她人生中前所未有的,所以她反映出来的情绪也是很自然的。同时,心理医生告诉她,对哈佛的不适应,产生种种焦虑与自卑反应,这在哈佛很普遍,并非只有她一个人。这使丽莎产生了"原来很多人也和我一样啊"的平常感。

所以,心理医生竭力让丽莎懂得在新的环境里,学会多与自己比,而不与别人比。如果一定与别人比的话,还要看到别人在学习成绩、意志等方面不如自己的一面。理清学习中的具体困难,并制定相应的学习计划加以克服和改进。

同时,心理医生让丽莎参加了一个哈佛本科生组成的学生电话热线,让丽莎在帮助别的同学的同时，也结交了不少新的知心朋友，更重要的是，丽莎在帮助他人的过程中，重新感到自信心在增长，感到哈佛大学需要她，她不再是哈佛大学多余的人了。

很多时候，我们因为自己与别人的差距而活在卑微当中，就像丽莎一样，一系列的心理反差，使她产生了自己是哈佛大学多余的人的悲叹。其实，她没有意识到，自己之所以会有这样的心理反差，是因为在以往与同学的比较中，她获得的尽是自尊与自信；但现在与同学的比较中，她获得的尽是自卑与自怜。

自卑心理对我们的影响如此大，那么，我们怎么样才能克服自卑呢？

首先，我们要突出自己，譬如在人群之中学着去挑前面的位子坐。在我们的日常生活中，我们会发现，后面的座位总是先被人坐满，大部分占据后排座位的人，都希望自己不会"太显眼"。而他们怕受人注目的原因就是缺乏信心。坐在前面能建立信心，因为他们敢于将自己置于众目睽睽之下。把这些当做习惯，自卑也会远离我们。

其次，学会正视别人。眼睛是心灵的窗口，一个人的眼神不仅仅会反映出心理活动，更可以折射出性格，透露出情感，传递出微妙的信息。不去正视别人，也许意味着自卑、胆怯，也许出于更多的尊重，然而一个能正面对视别人的人等于在告诉对方："我是诚实的，光明正大的；我非常尊重你，喜欢你。"或者"我想结识你。"因此，正视别人，是积极心态的反映，是自信的象征，更是个人魅力的展示。

再次，走路的时候要昂首挺胸，不要含胸驼背。一个走路都拖拖拉拉的人，不仅仅是缺乏自信的表现。一个人的走路姿态是一个人生活状态的最真实的、全面的反映，步伐轻快敏捷，身姿挺拔而洒脱，会给人以明朗的感觉，这样的人不会是一个自卑的人。更多的则是一个会以自信的身心滋养于他人的人。

最后，我们还可以多多练习当众发言。在大庭广众下讲话，需要巨大的勇气和胆量，这是培养和锻炼自信的重要途径。很多人都怕在公众场合下发言，他们大多有顾虑，这些顾虑都是不自信的表现。一个在公众场合能够侃侃而谈的人，一定是个相当自信的人。所以，只要我们要排除怯懦心理，敢说敢做，自卑就永远不会在你生命中出现。

不要轻易放弃梦想

"我的自尊心是零，因为我的自信心无限！"这是李阳的名言，他的身上也正体现着这句话，一个疯狂的人让世界领略了中国人的自信并为之惊叹。李阳就是用自己的经历证明了，只要我们不轻易放弃梦想，我们就能成功。

想做的梦从不怕别人看见，在这里我都能实现，我相信我就是我，我相信明天，我相信青春就是生命的地平线。是的，只要我们相信，梦就会实现，只要把握好今天，明天就一定会更好。

每个人都有梦想，在我们找不到方向的时候，我们可以用我们的梦想给自己的明天画一幅蓝图，对未来的憧憬是我们每个人前进的动力。每当我们迷茫无助的时候，想想明天，我们就会燃起新的希望。明天还没有到来，那么，我们昨天、今天的所有经历都是为了迎接明天，有了这些准备，我们就有足够的信心面对明天。

阿基米德、居里夫人、伽利略、张衡、竺可桢等历史上广为人知的科学家，他们所以能取得成功，首先因为有远大的志向和非凡的自信力，他们对自己和自己的梦想深信不疑，从没有想过放弃，最终，他们用事实证明了自己。

卡耐基曾说："人的潜能都是无限的，当它释放出来的时候，连我们自己也会感到惊讶，因为我们通常都认为那是自己不可能做到的事情。这种能力的爆发，有时候是需要强烈的刺激的，有时候是需要坚强的意志的。"所以，当我们处于人生的困境中时，一定不要过于担心自己面对的问题太困难，也别太害怕自己前面的路会困难重重，不要给自我设限，只要肯想办法去解决，任何困难与问题都会有答案，关键是自己一定要有必胜的信念，不要轻易放弃梦想。

诺贝尔文学奖获得者匈牙利作家凯尔泰斯·伊姆雷，是一个从小生得呆笨，人们都喊他木头的男孩。

12岁时，他做了一个梦，梦到有个国王给他颁奖，因为他的作品被诺贝尔看上了。当时，他很想把这个梦告诉别人，但又怕人嘲笑，最后只告诉了妈妈。

妈妈说："假若这真是你的梦，你就有出息了！我曾听说，当上帝把一个不可能的梦，放在谁的心中时，就是真心想帮助谁完成的。"

他从来没听说过梦想和上帝还有这层关系。为了不辜负上帝的希望，从此他真的喜欢上了写作。并时刻对自己说："如果我经得起考验，上帝会来帮助我的！"

他怀着这样的信念开始了自己的写作生涯。三年过去了，上帝没有来；又三年，上帝还是没有来。就在他期盼上帝前来帮助的时候，希特勒的部队却先来了。他作为犹太人，被送进了集中营。

在那里，数百万人失去了生命，而他却靠着"生存就是顺从"的信念活了下来。他又怀着"我又可以从事我梦想的职业了"的心情走出了奥斯维辛。

1965年，他终于写出他的第一部小说《无法选择的命运》；1975年，他又写出他的第二部小说《退稿》。接着他又写出一系列的作品。

就在他不再关心上帝是否会帮助他时，瑞典皇家文学院光临了。皇家文学院宣布2002年的诺贝尔文学奖授予匈牙利作家凯尔泰斯·伊姆雷。

当人们让这位名不见经传的作家谈谈获奖的感受时，他说："没有什么感受可言！我只知道，当你说，我就喜欢做这件事，多困难，我都不在乎。这时，上帝就会抽出身来帮助你。"

从伊姆雷的经历中我们可以看出，只要我们怀有梦想，并坚持去完成，我们的梦想就会实现。只是敢想还很不够，目标只停留在口头上，无论如何也是不能实现的。不管一个年轻人有多么超群的能力，多么聪明、谦逊、和善，如果他缺少梦想这个发动机，也将难有成就。一个自信心很强的人，必定是一个敢干的人，敢于行动的人，他决不会对生活持等待、观望的消极态度，从而丧失各种机遇。他会在行动中、实践中施展自己的才华。

一个人来到这个世上，都应当有自己的人生目标和人生追求。在确定了目标之后，或许经过一生的奋斗也未能实现，但这并不意味着因此就失去了制定目标的价值。人正因为有了目标，才能使人向前进而不是向后退，保持积极的思维，而不是消极的态度，使人走向充实，而不是走向虚无，这就是制定目标的价值。

每一个成功的人都是由梦想开始人生的人，一个不能展望明天，不能相信自己的人是不可能成功的。但是，明天的美好不是在幻想里孕育而成的，更不是等待就会来临的，它要靠我们用辛勤的汗水去浇灌，用不懈的努力去耕耘，它在梦想者心里播种，在勤劳者手心里发芽，在有毅力者面前微笑……梦想，不是空中花园。

有一条小河从遥远的高山上流下来，它要流向浩瀚的大海，它每天都这样想："过了今天，也许明天我就会融进大海的怀抱了吧。"于是，它揣着这个梦想，唱着歌，欢快地向前流着。

经过了许多村庄、森林和原野，最后它却来到了一片沙漠，它想："我历经了这么多艰辛，穿越了重重障碍，才来到这里，这次，我也一定可以越过沙漠吧。"

于是，它决定穿过这片沙漠，去实现它梦中的大海。

可是，当它穿越沙漠的时候，它的河水却被沙漠吸噬，渐渐地消失在泥沙中，试了很多次，但总是无法穿越，它沮丧地想："也许这是上天注定的吧，我永远也到不了传说中那个浩瀚的大海。"

这时候，四周响起了一阵低沉的声音："如果微风可以跨越沙漠，那么河流也可以。"原来这是沙漠发出的声音。

也许你也曾经像这条小河一样，历经艰辛，却在快要到达理想的彼岸时遇到了自认为不可逾越的障碍,在这个时候我们是否要放弃昨天所有的努力呢?你是否孤独地不知道何去何从?你是否向命运屈服?其实,没有什么上天注定;我们手心里那清晰的脉络就是我们的命运,它握在我们自己的手中。

生命是多么地宝贵和难得,是多么地美好,所以,在我们活着的每一个瞬间,我们都要活出自我。梦想总是如此的无奈,而我们却不得不去面对。无助的时候,只有直视人生,面对真实的自己,才会有希望,黎明终会划破黑暗,给我们带来一个美好的明天。

在现实生活中,有些人看起来很聪明,给人的感觉是非常能干,但是到最后,这些人并不能真正做成什么事情。相反,一些看上去能力一般,没什么出众才能的人,却能够成就一番伟大的事业。这都是因为那些自以为聪明的人没有持之以恒的毅力,面对一点挫折就选择了放弃,而那些做出成就的人,他们都能专注于自己的目标,内心从不彷徨,也不迟疑,集中精力奋斗到底。

所以,在前进的道路上,一切浅尝辄止、见异思迁者的内心是迷惘的,最终也收获不到成功的果实。只有当你准确地选择好属于自己的"一件事",并全身心地投入到那"一件事"中,不轻易放弃,也不轻易改变前进的方向,只有这样,内心才不会迷茫,最终才会有所收获。

借口,是身上的毒瘤

一个人要想成就一番事业,就必须对自己狠一点,不要给自己找任何松懈下来的理由,否则,我们的梦想就会埋没在一次又一次的借口之中。

在我们的日常生活中,总有一些人在做事之前,先找借口。比如,"我已经老了,没奔头了","我没有受过良好教育,没有文凭,所以不行","我没有足够的资金,也没有良好的家庭背景"……不能做这,不能做那,实际上就是不想改变自己。

德国人习惯在钥匙上刻这样的句子"一不用,就生锈"。这句话适用于铁,也适用于人,借口只能让自己生锈。

在做事的过程中,有些人因各种借口造成的消极心态,就像瘟疫一样毒害着他们的灵魂,并且互相感染和影响,极大地阻碍着他们正常潜能的发挥,使许多人未老先衰,丧失斗志,消极处世。对于这些人来说,借口已经"吃掉"了他们做事的能力、信心和希望。

约翰和马克是一对好朋友,毕业后两人一起进了同一家酒店。

在开始的半年里,他们一样努力,每天工作到很晚。最后都得到了董事长的表扬。可是半年后,马克得到了提升,从普通职员一直升到部门经理,而约翰似乎始终被冷落,仍是一个普通的职员。

由于两个人的差别,所以在酒店里,经常有人在约翰背后指指点点……终于有一天,约翰忍不住了,到董事长办公室提出辞职。

董事长问他:"为什么要辞职呢?"

约翰:"因为我觉得在这8年您给了马克机会,而没给我机会。"

董事长:"好,你觉得酒店不给你机会,那我给你一次机会,现在餐厅有顾客反映薯条不好吃,你去调查一下为什么。"

约翰很高兴地出去了,很快他就回来说:"董事长,因为我们酒店原来的土豆供应商,货源供应不上,所以现在酒店的薯条才出问题。"

董事长:"那我们能否找到另外一家供应商合作呢?"

约翰又跑出去,回来说:"董事长,我到采购部了解到,有甲地、乙地、丙地几个供应商能为我们供货。"

"那哪一家土豆的质量比较适合我们酒店做成薯条呢?"董事长问。

约翰再次跑出去,当他回来的时候,已经气喘吁吁了:"董事长,甲地的供应商土豆质量比较适合我们酒店做薯条。"

这时董事长对他说:"休息一会吧,你可以看看马克是怎么做的。"

马克需要完成的是同样的事情,但结果却大不一样。他也很快回来了,并且向董事长汇报说:"董事长,因为我们餐厅土豆原供应商供不上货,所以出现了问题,但经过了解现在有甲地,乙地,丙地几家供应商能为我们供货,经对比,甲地的供应商土豆的质量比较适合我们酒店,他们的货源也很充足,可以为我们长期供货。"

听完马克的汇报,董事长非常满意地点了点头:"很好,就选这家吧,你下去办。"而这时,站在一旁的约翰也已经明白了一切,他不由得哭了……

是不是公司没给约翰机会呢?很显然,是约翰看不到工作中的机会,才最终导致他与马克有如此大的差距!

成功者不善于也不需要编织任何借口,因为他们能为自己的行为和目标负责,也能享受自己努力的成果。缺少机会,则往往是不愿意付出努力、不善于动脑子的人用来原谅自己的借口。

失败者大都喜欢找借口,成功者却大都拒绝找借口,向一切可以作为借口的原因或困难挑战。此外,还有"运气"借口、"健康"借口、"出身"借口、"人际关系"借口等等。拿破仑·希尔在他的《思考致富》里记录一位个性分析专家编的借口,竟然有50多个。希尔说:"找借口解释失败是全人类的习惯。这个习惯同人类历史一样源远流长,但对成功却是致命的破坏。"

然而,正像任何传染病都可以治疗一样,"借口症"这种做事的心态病也是可以想办法克服的。办法之一就是用事实将借口一一驳倒,使它没有脸面、没有理由再在我们心中立足,从而为我们做成事情打开成功的通道。

脚踏实地的耕耘者在平凡的工作中创造了机会,抓住了机会,实现了自己的梦想;而眼光不愿俯视手中的工作细节的人,在等待机会的焦虑中,度过了并不愉快的一生。

目标,是前进的灯塔

如果我们想要做生活的强者,首先要敢想。敢想就是确立自己的目标,有所追求。不自信决不敢想。连想都不敢想,当然谈不上什么成功了,目标是一切行动的动力。

在我们周围,有很多到了迟暮之年的人总是这么感叹:"如果能够重新再来一次,我将做……",等等,"如果我再年轻几年,就能做更多的事……",等等,这些都是他们生命中的遗憾,只因为悔不当初没有想清楚,没有完善的计划而错过了许多人生的乐趣。

如果,在我们年轻的时候,在充满斗志和幻想的时候,我们能给自己制定一个明确的目标,那么,相信在未来的生命里,我们就不会有这么多的遗憾了。

一个纽约的百万富翁说,当年,他在一家纺织品公司的薪水,最初只有每周7美元50美分,后来一下子就涨到了每年1万美元,而这之间竟然没有任何的过渡,没过多久,他还成为这家纺织品公司的合伙人。

刚去公司的时候,他和公司签订5年的工作合约,约定这5年内薪水保持不变。但他暗下决心:绝不满足于这每周7美元50美分的低微薪水,决不能就此不思进取。他一定要让老板们知道,他绝不比公司中的任何一个人逊色,他是最优秀的人。

他工作的质量,很快引起了周围人的注意。3年之后,他已经如鱼得水游刃有余,以至于另一家公司愿意以3000美元的年薪,聘用他为海外采购员。他并没有向老板们提及此事,在5年的期限结束之前,他甚至从未向他们暗示过要终止工作协定,尽管那只是一个口头的约定。也许有很多人会说,不接受如此优厚的条件，他实在是太愚蠢了。但是，在 5 年的合同到期之后，他所在的公司给予了他每年 1 万美元的高薪，后来他还成为了该公司的合伙人。老板们都很清楚，这 5 年来他所付出的劳动，要数倍于他所领的薪水。

理所当然，他成为一个获利者。

假如他当时对自己说："每周 7 美元 50 美分，他们只给我这么多，而我也就只拿这么多好了，既然我只领着每周 7 美元零 50 美分，那么我何必去考虑每周 50 美元的业绩呢！"如果那样，你说结局会怎样？

如果一个人的工作目的仅是为了工资的话，那么，可以肯定，他注定是一个平庸的人，无法走出平庸的生活模式。如果一个人对自己所负责的任何工作，事无巨细都能够尽力而为了，能做到问心无愧，并时刻想着怎样更多而不是更少地回报自己的老板，那么偏低的薪水绝不会持续很长时间，因为他很快将会得到提升。出色的工作表现自己会说话。而劣质的工作质量、不熟练的工作技能、漫不经心的工作态度，即使有很高的薪水，也会迅速地毁掉你。真正能够让你获得成功的方法，不是看你能为自己的薪水付出多少。你应该让你的老板看到你的贡献与报酬之间的失衡，要让他为自己所给予的微薄的薪水感到惭愧。即使你的老板意识不到，你的表现也会引起其他雇主的注意。

成功到底是什么？说得具体点就是"目标"。许多人认为，"目标"只是不同阶段的"终点"，它并不具有更深层的意义，其实"目标"是一切行动的"动力"，更是决定成功的关键。

居里夫人说："如果能追随理想而生活，本着正直自由的精神，勇往直前的毅力，诚实而不自欺的思想而行，则定能臻于至善至美的境地。"亲爱的朋友们，在逆境中，目标是动力，在顺境中，目标是风帆。没有目标，生活就缺少希望，没有希望就没有动力。

所以，我们每个人都要趁自己年轻的时候，利用一切工作机会来完善自己，提高自己。

首先，要知道自己的宏伟蓝图，这样才能确立奋斗目标。一个没有目标的人就像大海中失去风帆的船，他是不会成功地到达理想的彼岸的。机遇和目标是成功的首要因素，有追求才会有机遇，机遇只会垂青于有准备的人。你的目标可以是长远的终极目标，也可以是阶段性的目标，但必须是你自己通过努力能够达到的目标。

其次，在有了目标掌舵的情况下我们要树立信心。要相信，我的理想不是空中花园，它是一个现实存在的东西，坚信理想才会有希望，有了希望我们才有前进的动力，有了动力我们才会努力地向我们的目标靠近。所以，自信是我们工作、学习的精神原动力，永远也不要消极地认定什么事情是不可能的，在一定的意义上讲，世界上没有不可能做到的事，只有你想不到的事。就像发明飞机的莱特兄弟，就是因为想飞的梦想才促使他们去研究，去发明，最终他们将理想变成了现实，让天空不再只是飞鸟的天堂。所以你必须先要认为你能，然后，去尝试，再尝试，你就会发现我的确能。

再次，有了信心后我们还需要磨炼意志，增强毅力。滴水穿石，在这个过程中，没有鲜花与掌声，只有困难、挫折和寂寞。想获得成功，单靠一时的热情是不行的，只有拥有坚强的毅力，我们才能一步步地向理想的高峰攀爬，不达目标决不回头。

最后，我们还要从失败中吸取教训。人的一生不可能不遭遇失败，但失败是成功之母，每次失败都是一堂人生课程。我们要具有良好的心态，坚定的信念、明确的目标、并积极去实践，执著追求。我们相信，理想之花定会为我们开放。

坦然面对失败

任何人的成功都是从无数的挫折中总结经验教训的基础上才走向成功的。所以,我们要想成功,就必须做一个好的失败者,在一次次的挫折后仍能奋然前行。

有人说,人生就像过独木桥,稍有闪失就会掉进深渊。的确,面对一个窄窄的独木桥,我们总会心惊胆寒,生怕自己不小心坠入河中。然而越是害怕,我们就越是失败,就这样一而再再而三地落水,再没了前进的勇气。

为什么失败总会在自己的身上降临?我们必须进行反思,找到其中的答案。其实,答案很简单,那就是心态失衡。很多时候,失败的原因并非是力量薄弱、智能低下,而是周围环境的威慑——面对险境,很多人早就失去了平衡的心态,慌了手脚,乱了方寸。那些成功的人士,并不一定是因为他们有多坚强,而是因为他们看待挫折的角度与常人不同。他们把每一次的挫折看作是对自己有利的,所以不停地战胜困难总结经验,最终成功地学会了运用积极的态度再去做事情。我们要使事情发生,而不要等待事情发生。我们要用自己的语言和行动促使周围的人改变思想,让他们认识到我们所做事情的意义,而不是等他们改变。

举一个简单的例子,当我们孤身行走在荒郊野外时,是不是会有一丝毛骨悚然的感觉?然而,当我们真正走出这片黑暗时,就会发现原来刚才的恐惧根本没有必要。但是,有的人就是因为被恐惧吓破了胆,最终再没能看到第二天的阳光。所以说,我们总结失败时,不要总是强调客观原因,而是应当多从自己的心理状态入手,这样,我们才能做一个好的失败者,才能取得最后的成功。

俄亥俄州克利夫兰的哈莉·贝瑞出生于 1968 年 8 月 14 日,她是美国黑人女性的杰出代表、好莱坞当红的女演员之一。这位"黑珍珠"集美丽、智慧和坚韧于一身。从17岁开始,就接连不断地荣获令人羡慕的殊荣与奖励。

1985年,她代表俄亥俄州参加全美20岁以下小姐竞选,获"全美青少年小姐"称号。1986年,她参加美国小姐选美竞选,获"美国小姐"、"俄亥俄小姐"称号。1986年,她参加世界小姐服装竞赛,获第一名。1999年,她因《红颜血泪》获金球奖、艾美奖的电视影片类最佳女主角奖。

这位好莱坞最有成就的黑人美女,多年来一直保持着参选美国小姐时的美丽容颜。她的身材被称为"最佳曲线形体",她7次入选美国《人物》杂志评选的"50个最美丽的人"。

2001年,美国西部时间3月24日下午5点30分,第74届奥斯卡金像奖颁奖典礼在洛杉矶的"柯达剧院"隆重举行。此刻,哈莉·贝瑞凭借精彩的演技为奥斯卡的历史揭开了崭新的一页,傲慢的奥斯卡终于被黑人演员的成就所征服,一扇向黑人女演员关闭了长达74年之久的奖励大门终于敞开了。哈莉·贝瑞获得了奥斯卡"最佳女主角"奖,成为奥斯卡历史上的第一个黑人影后。她手捧奥斯卡小金人,兴奋地高高举起。

然而作为黑人影后的哈莉·贝瑞,并不可能永远一帆风顺。2005年2月26日晚,命运同哈莉·贝瑞开了一个天大的玩笑,将她从人生的巅峰抛进了人生的谷底。在第25届金酸莓奖颁奖仪式上,她主演的《猫女》被评为"最差影片",她也被评为"最差女主角"。她走上了领奖台,用曾经接受过奥斯卡最佳女主角奖杯的那双手,接过了金酸莓"最差女主角"的奖杯,成为第一位亲手接过此奖杯的好莱坞女影星。

金酸莓电影奖设立于1981年,跟奥斯卡奖评选"最佳"相反,专门评选"最差"影片、"最差"导演和"最差"演员等奖项,并且举行颁奖仪式,颁发奖杯。对于这个带有恶作剧意味的颁奖,好莱坞的明星大腕们从不正眼相看,也从来没有一个当红的女明星参加过这个颁奖仪式,更没一个当红的女明星有勇气亲手接过授予自己的"最差女主角"奖杯。

她在发表获奖感言时说:"我的上帝!我这辈子从来没有想过我会来到这里,赢得最差奖,这不是我曾经立志要实现的理想。但我仍然要感谢你们,我会将你们给我的批评当做一笔最珍贵的财富。"她最后对大家说:"请相信,我不会停下来,我今后会带给大家更精彩的表演。"

哈莉·贝瑞在人生的巅峰时没有忘乎所以,认为自己是绝对的成功;在人生的谷底时也没有一蹶不振,认为自己是绝对的失败。她难能可贵地认为:在人生旅途的地平线上,成功与失败同样都是崭新的开始。

听到这些话,人们给了她一阵又一阵热烈的掌声。

颁奖结束后,记者围住了哈莉·贝瑞。有人问:"您为什么不怕丢丑前来领奖?"她说:"我认为,作为一个演员,不能只听他人的溢美之词,而拒绝接受别人对自己的批评和指责。既然我能参加奥斯卡颁奖典礼并接过小金人,那么我也就应该有勇气去拿金酸莓的奖杯。"还有人问:"您将如何保存这个奖杯?"她举起手中的"最差女主角"奖杯说:"我要将它放在我的橱柜里,我每天都会面对它。它很有分量,就是全世界的赞扬和恭维像飓风一样袭来的时候,只要看它一眼,我就不会被吹到云彩上面去。在许多人都赞扬和恭维的时候,批评和指责的声音是最珍贵的,因为它使人清醒。让人不会头脑发热到自己找不到自己,我会一直将批评和指责当做最珍贵的财富。"同时强调:"如果不能做一个好的失败者,也就不能做一个好的成功者。"

哈莉·贝瑞的成功之路并不是一帆风顺,但是,最终她却能站在成功的巅峰,一切源自于她面对失败时的良好心态。在人生的旅途中,没有一帆风顺,失败是难免的,就看你如何对待,就像在人生的十字路口,有的人气馁,失去信心,而有的人却迎难而上,相信凭着自己的实力能够战胜一切。比别人更相信自己,能让自己的信念更加坚定,能使你站得更高,看得更远。

生活中的我们也会无数次经历各种困难的考验,这就要求我们必须拥有一个良好的心态。在困难面前拥有一个好心态的人，最终才会获得成功。正如著名运动员邓亚萍，她虽然个子不高，运动天赋也是一般，但心态却无比积极，打起乒乓球来简直像只出山的猛虎，气势压人，左推右挡，出手快捷，攻势凌厉，勇不可当，往往只几板就把对方制服住了。

人生中所谓的困难，十有八九都是由自己的内心制造的。正如有句名言所说的："困难像弹簧，看你强不强；你强它就弱，你弱它就强。"面对困难，只有积极面对才是解决方法，总想着失败，总想着压力，这只能让它变得更为"强大"。

去除心中的怯懦感

"不敢正面面对恐惧，就得一生一世躲着它。"这是北美印第安人喜欢说的一句话。是的，怯懦是弹簧，你强它就弱，你弱它就强，我们要及时去除心中的怯懦，才能生活在真正的自我中。

生活中，我们总会遇到许多未知的变数，面对这些阻力，我们总是很容易受外界的影响而忽略了自己的内心，从而使自己的内心充满恐惧和怯懦。其实，我们自己的内心才是自己人生命运的主宰者和舵手，只要我们有勇气去面对它，告诉自己要做生活的强者，那么怯懦将会自惭形秽，收回它在你心里恣肆妄为的藤蔓。

著名作家萧伯纳年轻时其实是一个很怯懦的人。

有一次，他有很重要的事需要跟他的校长商量，他自己练习了多次，终于来到了校长室门前，想敲门进去，可手刚刚举起又放了下来，他怕校长现在正忙，怕打扰校长的工作，怕还没开口就被校长骂出来……

　　一连串的害怕让他的怯懦感在心里滋生，他想放弃，但是就这么走了又觉得不甘心，犹豫了很长时间，还是决定要见校长。可没走几步，他又折了回来，就这样几次三番，他在校长室门前徘徊了半个多小时，最后才鼓足勇气敲响了校长室的门。事实证明，他开始所有的担心都是多余的，校长并没有想象中的那么可怕。

　　从那以后，萧伯纳还发现了自己另一个很大的缺点，那就是他常常会有这样的担心："我说这话，人家会笑话我吧？""该不会让人以为我在出风头吧？"他知道这是一种怯懦的表现，而这种怯懦也扼杀了他无数的构想！因此，他下决心将这个缺点改掉，使自己彻底从怯懦中走出来。

　　于是，他试着在众人面前讲话，锻炼自己的胆量。起初，他在面对众人时浑身都在发抖，他便有意识地摆出一副自信的样子，不断延长自己的讲话时间，渐渐地他可以在很多人面前从容淡定地讲话了。就这样，他从怯懦中一步一步走出来，终于成为具有坚定信念和充满自信的人。

　　每个人的心中多多少少都有一些怯懦感，如果不能及时克服，它就会像影子一样处处跟随着你，成为你成功的阻碍。我们之所以很容易被怯懦所左右，主要是因为在面对未知情况时，把困难想得过于强大，通过各种假设"蚕食"掉自己面对未知的勇气，直到决定放弃。

　　其实，克服怯懦很容易，我们只要调整好自己的心态，以一种自信的姿态面对它，变后退为前进，变仰视为俯视，变被动为主动，它就会自动败下阵来。就像我们刚开始学习游泳，我们会想："万一下水后被淹怎么办？""在水里胡乱扑腾多难为情啊！"这些想法都可能成为我们打退堂鼓的元凶。其实换个角度想，呛着了无非就是难受一小下；被人嘲笑也只是一时的笑料，只要我们勇于尝试，我们就会得到游泳的乐趣。

　　所以，朋友们，在我们的人生道路上，我们要不怕失败，勇于尝试。我们要知道，只有战胜自己心中的怯懦，才有可能让自己站得更高，看到不一样的风景。

美国最受尊敬的法官艾文班·库柏，小时候却是个懦弱的孩子。库柏在密苏里州圣约瑟夫城一个贫民窟里长大。他的父亲是一个移民，以裁缝为生，收入微薄。为了家里取暖，库柏常常拿着一个煤桶，到附近的铁路去拾煤渣。库柏为必须这样做而感到窘迫。他常常从后街溜出溜进，以免被放学的孩子们看见了。但是那些孩子时常看见他。特别是有一伙孩子常埋伏在库柏从铁路回家的路上袭击他，以此取乐。他们常把他的煤渣撒遍街上，使他回家时一直流着眼泪。这样，库柏总是生活在或多或少的恐惧和怯懦的状态之中。

然而库柏因为读了一本荷拉修·阿尔杰著的《罗伯特的奋斗》的书，他内心受到了鼓舞。从而在生活中采取了积极的行动。在这本书里，库柏读到了一个像他那样的少年的奋斗故事。

那个少年遭遇了巨大的不幸，但是他以勇气和道德的力量战胜了这些不幸。库柏也希望具有这种勇气和力量。这个孩子读了他所能借到的每一本荷拉修的书。当他读书的时候，他就进入了主人公的角色。整个冬天他都坐在寒冷的厨房里阅读勇敢和成功的故事，不知不觉地吸取了积极的心态。

在库柏读了第一本荷拉修的书之后几个月，他又到铁路上去捡煤。隔开一段距离，他看见三个人影在一个房子的后面飞奔。他最初的想法是转身就跑。但很快他记起了他所钦佩的书中主人公的勇敢精神，于是他把煤桶握得更紧，一直向前大步走去，犹如他是荷拉修书中的一个英雄。这是一场恶战。三个男孩一起冲向库柏。库柏丢开铁桶，坚强地挥动双臂，进行抵抗，使得这三个恃强凌弱的孩子大吃一惊。库柏的右手猛地打到一个孩子的嘴唇和鼻子上，左手猛击到这个孩子的胃部。这个孩子便停止打架，转身逃跑了，这也使库柏大吃一惊。同时，另外两个孩子正在对他进行拳打脚踢。库柏设法推走了一个孩子，把另一个打倒，用膝部猛击他。而且发疯似地揍他的腹部和下巴。现在只剩一个了，他是孩子头，已经跳到库柏的身上，库柏用力把他推到一边，站起身来。大约有一秒钟，两个人就这么面对面站着，狠狠地瞪着对方，互不相让。后来，这个小头头一点一点地退后，然后拔腿就跑。库柏也许出于一时气愤，又拾起一块煤炭朝他扔了过去。库柏这时才发现鼻子挂了彩，身上也青一块、紫一块。这一仗打得真好。这是他一生中最重要的一天，那一天他已经克服了恐惧。

库柏并不比前一年强壮多少，那些坏蛋的凶悍也没有收敛多少，不同的是他的心态已经有了改变。他已经学会克服恐惧、不怕危险，再也不受坏蛋欺负。从现在开始。他要自己来改变自己的环境。他果然做到了。阅读积极心态的书籍，使库柏战胜了懦弱，战胜了恐惧，最终成为全美最受尊敬的法官之一。

正所谓"狭路相逢勇者胜"，一个怯懦的人是永远不会胜利的，只有去除怯懦，有奋斗的勇气，我们才会得到命运之神的青睐。一个不怯懦的人，尽管他们也知道前方困难重重，但是他们不会因为这种压力而选择退缩，甚至放弃。他们会迎难而上，拿出自己的勇气来战胜困难，战胜压力，让自己渐渐接近自己的目标。而一个怯懦的人犹如一只"惊弓之鸟"，缩手缩脚，这样的人，在事业上、生活中，任何的一点点风吹草动对他们来说都将是坎坷磨难，都是一场场浩劫，都是足以令他们惶惶不可终日的巨大灾难。他们终会被外界的力量彻底压垮。

很多时候，困难确实存在，但是困难的存在并不一定会阻挡人们前进的脚步，只有那些缺乏勇气的、内心怯懦的人才会被困难吓得自己停下来。更多的时候，这种困难只是貌似强大的纸老虎，是我们把他们看得太强大了，未战而自己先退缩了。其实，只要我们拿出真正的勇气来，勇敢地去挑战，消灭前进路上的障碍，我们离目标也就会越来越近。

第四辑

心晴时要开怀，心雨时亦要开怀

大概谁都有这种体验，当取得成功的时候，即使是下雨，也会觉得生活处处是希望，反之亦然。也许心情会受天气晴雨的影响，但它们之间是没有必然的因果关系的。天气的晴雨不能决定心情的晴雨和我们的心境，人生的道路需要以乐观的心态去面对，心晴时要开怀，心雨时亦要开怀。

勇于面对挫折

一代文豪郭沫若说："一个人总是有些拂逆的遭遇才好，不然是会不知不觉地消沉下去的，人只怕自己倒，别人骂不倒。"人的一生不可能一直是坦途，面对困难我们要学会坚强，不被困难吓倒，这样我们才能打败它。

人的生命似洪水在奔流，不遇着岛屿、暗礁，难以激起美丽的浪花。假如生活是一望无际的大海，那么我们就只是海上的一叶扁舟，大海是不可能一直风平浪静的，所以人也不可能一直是一帆风顺的。有人说磨难是化了妆的幸福，即使是面对排山倒海般袭来的失意与烦恼，我们也不要被它吓倒，我们要相信这只是生活给我们的小小考验，只要我们面对它们，同它们打交道，以一种进取的和明智的方式同它们搏斗，我们就能将它们踩在脚下。

辛达刚从他的祖父手中继承了一座美丽的森林庄园，但是，天有不测风云，人有旦夕祸福，一场雷电引发的山火将他的森林公园化为灰烬。他一直是个乐观向上的年轻人，但面对焦黑的、千疮百孔的林子，却欲哭无泪。

伤心欲绝的辛达决心倾其所有修复庄园，于是他向银行申请贷款，但他一无所有，没有偿还贷款的保障，银行拒绝了他的请求。他只好向亲友寻求帮助，依然一无所获。当所有能想到的办法都试过之后，辛达绝望了。思虑森林庄园的重建使他变得茶饭不思，焦虑不堪。

辛达的祖母知道了这件事，她意味深长地对孙子说："小伙子，庄园成了废墟并不可怕，可怕的是你的眼睛失去了光泽。一双失去光泽的眼睛怎么可能看到希望呢？"

祖母的话犹如当头棒喝，辛达振作起来。是啊，生活的坍塌并不可怕，最重要的是心灵的重建，他觉得自己不能这样消沉下去了，他要不懈地寻找出路，将庄园重建。

机会是给有准备的人，一天，辛达看见街道拐角处的商店门口人头攒动，他下意识地走了过去，原来是很多人正在排队购买木炭。那一块块躺在纸箱里的木炭忽然让辛达的眼睛一亮，他看到了一线希望。

在接下来的一段时间里，辛达雇了几名烧炭工，将庄园里烧焦的树都加工成了优质的木炭，然后分装成箱，送到集市上的木炭经销店。结果，木炭被一抢而空，他因此得到一笔不菲的收入。

不久之后，辛达用这笔收入购买了大批的新树苗，几年以后，"森林庄园"再度绿意葱葱，辛达终于完成了庄园的重建。

人生就是这样，浮浮沉沉，不管怎么样，我们都应该坚强地面对生活中的那些困苦和烦恼，只要心存希望，不管多么大的艰难困苦都不怕。我们要坚信，黑夜过后就是黎明，严冬过后就会春暖花开。

是的，一切都会过去的，无论是甜蜜还是悲伤，艰难还是顺利，只要我们都学会了坚强，坦然接受命运给我们的不公，前面的道路即使布满荆棘，我们也可以披荆斩棘，走向我们人生的春天。我们都要学会坚强，相信一切都会过去的。回想我们遇到过那么多的坎坎坷坷，每次面对坎坷，我们都惊慌失措，并在心里不断地自问，这次我能过得去吗？可事实上，又有哪道坎难倒了我们呢？我们不是跨过一道道坎坷一路走过来了吗？

从前，有一个皇帝找到当时最负盛名的智者，要求他找出一句能让人胜不骄、败不馁，得意而不忘形、失意而不伤神，始终保持一颗平常心并浓缩了人生智慧的话，而且这句最有哲理的箴言还必须有一语惊人的效果。

智者答应了皇帝的要求，他把这句话刻在了皇帝佩戴在手上的宝石戒指里，并对皇帝说："一切的智慧都刻在戒指里，不到万不得已的时候，不要取出戒指上镶嵌的宝石,否则,它就不灵验了。"

皇帝按照智者的要求去做,戒指一直戴在手上,他从来没有去动过那块宝石。

几年后,邻国大军大举入侵,皇帝虽率部拼死抵抗,但终因寡不敌众,他的军队被打败了。皇帝只好四处亡命,过着颠沛流离的生活。

一天,皇帝在河边喝水的时候,猛然看到自己的倒影,不禁伤心欲绝,从没有想过自己会落到这步田地,他心灰意冷,突然间他想到了智者曾经跟他说过的话。或许戒指里就有锦囊妙计,于是,他取下戒指,只见宝石里侧镌刻着"一切都会过去的"七个字。

顿时,皇帝的心头重新燃起希望的火花。从此,他忍辱负重,重招旧部并东山再起,最终赶走了外敌,收复了失地。他返回王宫所做的第一件事便是将"一切都会过去的"这句七字箴言镌刻在象征王位的宝座上。

很庆幸故事里的皇帝没有像楚汉之争时的项羽,因为没有勇气面对失败而自刎,最终得以东山再起。试想,如果项羽也能像这个皇帝一样,过了江东,历史是否会改写?

学会承受命运给我们的不公平,明白一切都会过去,我们才能"不以物喜,不以己悲";明白一切都会过去,我们才能胜不骄,败不馁;明白一切都会过去,我们才不会沉湎于痛苦,也不会贪婪于快乐。

当生活的困扰袭来的时候,在面对境遇带来的压力的时候,不妨仰头遥望明丽、湛蓝的天空,让坚强给生命注入活力,让温柔的蓝色映入心田,请相信,一切苦难都会过去的,一切令人烦恼的嘈杂也都会渐渐隐去。

归零,人生的第二次起跑

刘欢唱:"看成败,人生豪迈,只不过是从头再来。"是的,人生虽然没有彩排,但是,我们可以把一切归零,抹去曾经,从头再来。这是一种豪迈向前的精神,更是一种看淡人生,看破虚华的智慧。

"昨天所有的荣誉,已变成遥远的回忆,勤勤苦苦已度过半生,今夜重又走入风雨。我不能随波浮沉,为了我至爱的亲人,再苦再难也要坚强,只为那些期待眼神。心若在梦就在,天地之间还有真爱。看成败,人生豪迈,只不过是从头再来。"是啊,心若在,梦就在,从头再来是勇敢地面对人生的困境,是一种不服输的傲气,是我们通往成功之路的坚强意志。那么,亲爱的朋友,让我们有挑战自我的勇气,从头再来,去拥抱恢弘的明天。

生命有太多的变数,而人生永远只有现场直播,我们的人生轨迹难免有出现偏差的时候。我们是埋怨生活的不公,从此将错就错的消沉下去,还是将错误抹去,重整旗鼓,从头再来呢?答案显然易见,只有过不去的人,没有过不去的事,只要我们有足够强大的心灵,我们的人生是可以再度精彩的。

从前,有一个樵夫,他靠砍柴勉强维持生计,辛辛苦苦了大半辈子终于为自己建造了一座可以遮风挡雨的房子。

有一天,当他从集市上卖柴回家时,却发现自己的房子着火了。

左邻右舍都来帮着救火,但是由于火势太大,一时半会没有办法把火扑灭,他们只好眼睁睁地看着疯狂的火焰吞噬了整栋木屋。

大火终于扑灭的时候,樵夫的房子也化成了灰烬,这位樵夫没有像一般人那样呼天抢地，而是拿着一根棍子，跑进废墟里不停地翻找着。邻居们还以为他在找家里珍藏的宝物，都好奇看他能找出什么稀世珍宝。

过了一会，樵夫捧着一把斧头，兴奋地叫着："我找到了！我找到了！"

邻居们看见这把斧头根本不是什么值钱的宝物，都很不以为然。

樵夫却兴奋地把木棍嵌进斧头里，充满自信地说："只要有这柄斧头，不久就可以再建造一个更坚实耐用的家。"

是啊，只要心灵的大厦不倒，一切都可以重建，就像这个故事里的樵夫一样，当大火夺去所有时，至少手里还有那柄斧头。有了这把斧子，我们就可以从零开始，从头再来，为自己再建一个家园，开创更美好的生活。

从头再来是一种不甘屈服的傲气，是一种勇敢面对失败的人生境界。从头再来源于我们对现实和对自身的清醒认识，是对自己实力的一种肯定，是一种挑战困难、挑战自我的勇气。从头再来，需要我们忍受失败的痛苦，吸取失败的教训；从头再来，需要我们坚定自己的信心，相信坚持到底就是胜利。从头再来是一种希望，是绝望时仍然忠实于生命的最好见证。

一个富商因为商场失败，赔光了所有家产，于是产生了厌世心理，心灰意冷的他准备去跳河。

来到河边，他发现了一个哭泣的妇女也要跳河。

于是他问妇女："你为什么跳河？"

"我，我被丈夫遗弃了。"妇女抽泣着回答。

"哦，你什么时候认识你丈夫的？"富商继续问道。

"我是三年前认识他的，我们刚结婚一年他就另觅新欢不要我了。"妇人越说越伤心，真的要去跳河了。

"你等等，"富商及时地制止了她，继续问道，"那三年前没有遇见他的时候你是怎么活的？没有他你就活不下去了吗？"

"三年前我没有认识他的时候，我生活得很好，很快乐。"妇女回答。

"是啊,三年前你可以活得很快乐,那么三年后的今天没有他你也可以从头再来啊。只不过是三年而已,你为什么要为他舍弃自己的一生呢?"富商劝解道。

"是啊,谢谢你,你让我明白了生命的可贵,一切还可以从头再来。"妇人终于笑了,轻松地离开了。

在劝完妇人后,富商好像也劝了自己。是啊,三年前我只是一个打工仔,还不是一无所有吗?就让一切都归零,从头再来吧!他也轻松地离开了河边。

歌德说:"苦难一经过去,苦难就变成甘美。"其实,每个人的心都好比是一颗水晶球,晶莹剔透,然而一旦遭到不测,背叛生命的人会在黑暗中慢慢消逝,而忠诚于生命的人总是将五颜六色折射到生命中的每个角落。故事里的妇人因为丈夫的无情抛弃,就想放弃整个生命,那是多么愚蠢的行为。失败并不可怕,可怕的是我们在失败面前再也站不起来。

所谓人生百态,但最终都会归于一端,或取或舍,或苦或甜,或积极或消沉。诸如很多人在一个职位日子久了或在相同的岗位工作一段时间后,往往会变得日渐慵懒,甚至逐渐出现对新的事物不再敏感的情形。当然,发生进步愈来愈慢甚至倒退的状况,是因为同一件事做久了,难免会感到倦怠,甚至自以为自己已经很熟悉了,结果,让自己越来越退步。

这时,就需要我们时常从思想上、意识上给自己"归零",重新学习,就像刚刚参加工作时一样,这样才会让自己有动力、有活力,才能够更加努力、自主地去工作。

一切的一切都是因为我们还在起跑线上,我们有对未来的憧憬和希望,所以,一切归零使我们的人生第二次起跑。

自救，才能走出黑暗的深渊

每个人的成长都有一个蛰伏期，在此期间必然是痛苦的，但我们要用积极向上的心态迎接这种痛苦，才能将自己带出黑暗的深渊，我们要相信，有阴影，是因为有阳光。

这个世界一直都不缺乏美，只要我们用心地去观察生活的美好，我们就会发现，阳光多么灿烂，天空多么明朗，湖水是多么清澈，花儿是多么漂亮，小鸟的歌声是那么的悦耳，春风是那么的轻柔……我们会觉得活在世界上是多么幸福。然而，有的人却总是伤春悲秋，不能控制自己的忧愁，觉得自己的人生黯淡无光。这种消极的心态是我们最大的敌人，它会把我们带进一个悲伤笼罩的黑暗深渊，看不见世界的光明。

一天，一头驴不小心掉进了一个很深的垃圾坑里。它努力地往上爬，但因为垃圾坑太深，它总是爬到一半就滑了下来，最后它累得筋疲力尽，只好颓然地放弃了。整个白天过去了，依然没有人来救它，夜幕降临，驴子在黑暗的坑底悲哀地号叫着，然后沉沉睡去。

第二天，驴子被上面砸下来的东西弄醒了，它一看是垃圾，它抖落身上的垃圾，把它踩在了脚下，它发现脚下高了一点，于是，它想到了自救的办法。一整天都有人陆陆续续地往垃圾坑里倒垃圾，驴子都把它们垫到了脚下。

一天，两天，三天过去了，驴子每天都把垃圾垫在脚下，饿了就找能吃的垃圾，几天过后，这头驴终于踩着垃圾跑出了垃圾坑。

对于身陷垃圾坑的驴来说，如果它只是悲哀地等待，那么他将最终被垃圾所掩埋。但是,聪明的驴却及时地将垃圾踩在了脚下,并且成功地利用它们,走出了黑暗的深坑,完成了自救。

由此可见,只要我们在黑暗中有活下去的勇气,我们就有机会看见第二天的朝阳。

美国著名盲聋作家、教育家海伦·凯勒,小时候被猩红热夺去了她的听力和视力。由于失去听觉,她说话含糊不清,也不能矫正发音的正误。面对世界的黑暗和寂静,海伦·凯勒没有向命运屈服。她在莎莉文老师的细心教导下认真勤奋地学习着,克服着各种更困难。

她为了能清楚地发音,用一根小绳拴在一个金属棒上,叼在口中,另一端拴在手上,练习手口一心,写一个字,念一声。为了使写出来的字不至于歪歪扭扭,她还自制了一个木框,装配了一个滑轮练习写字,每天用 3 个小时自学。用两个小时默记所学的知识。再用一个小时的时间将自己用 3 个小时所学的知识默写下来。剩下的时间她运用学过的知识练习写作。

在学习与记忆的过程中,她只有一个信念:她一定能够把自己所学习的知识记下来,使自己成为一个有用的人。

海伦没有让自己失望,经过刻苦努力的学习,海伦突破了识字关、语言关、写作关,先后学会了英、法、德、拉丁、希腊 5 种语言,出版了 14 部著作,受到社会各界的赞扬与褒奖。

马克·吐温说:"19 世纪出了两个了不起的人物, 一个是拿破仑,一个是海伦·凯勒。"1959 年,联合国发起了"海伦·凯勒"运动,号召全世界人民向她学习。

顾城说:"黑夜给了我黑色的眼睛,我却用它寻找光明。"我们每个人都向往光明,但是,当我们陷入黑暗的境地时,我们要能够把自己的灵魂从阴霾中拯救出来,生命中的一切事情,全靠我们的自我调控能力,我们有了正确的心态,就会从思想上有意识地抛弃过去,从而走向光明。

生命本是美好的,我们不能让悲伤和失败占据我们的心灵,我们要知道多一份伤心就少了一份快乐,我们要从根本上消除自己的悲观心态,并用我们积极乐观的思想去感染身边的朋友,让我们的周围充满阳光。

持之以恒,让理想之花开放

梅花香自苦寒来,一个人要想取得成功,就要经得起磨炼,要不抛弃、不放弃梦想。持之以恒的态度,是我们通向成功的基石。

在我们的工作学习中,无论干什么事情,越接近成功的时候越艰难,在这个时候越考验我们的意志力。很多时候,我们之所以失败,并不是我们没有做好这个事情的能力,而是因为我们在困境面前没有了坚持下去的勇气,一个成功的人一定有常人没有的意志力,他们迎着风雪勇往直前,正是这种勇气与坚持,成就了他们的成功人生。

1979 年,16 岁的伊万斯是英国曼彻斯特大学的一名大一学生,并在学生会担任职务。正当他憧憬美好未来时,却感到脑子阵阵刺疼,开始以为是休息不好,也就没当回事,后来终于有一天晕倒在课堂上。经医生诊断,他脑部长了一个鸡蛋大小的瘤子,需要立即手术。手术痊愈后,他重新返回学校。

差一年就要毕业时,一次上体育课,伊万斯在没有任何前兆下,猛然重重摔倒在地,口吐白沫,四肢抽搐,医生说,他患了癫痫症,是手术后遗症。

伊万斯的癫痫症时好时犯,已不能正常学习,只好于 1981 年辍学。

他先在当地一家钢厂找了份统计工作,干了不到两年,钢厂便于 1983 年破产关门,他便失去了工作。这年,伊万斯刚满 20 岁。

按照英国有关规定,像伊万斯这样的病患者,完全可以靠政府提供的福利过日子,但他不甘心就这样浑浑噩噩打发时光,发誓绝不虚度余生,一定要再找一份工作做。

伊万斯万万不会想到,从此他踏上了一条漫漫寻职路。

他先找了几个驾驶员的职位,人家一听他患有癫痫病,都予以婉拒。他调整了思路,不再去找驾驭机器设备的相关工作,把目光瞄准了相对轻松的岗位。然而,一次次简历投出后,等到的总是失望。好多朋友劝他,以后投简历时,不要再提自己患有癫痫病,否则很难如愿。但他说:"如果我隐瞒了病症,即使暂时找到一份工作,我也心感不安,做人应该诚实。我想,只要坚持,总有一份工作适合我。"

其间,伊万斯先后申请了包括教学、会计、文秘等工作,都以失败告终。他不灰心,依然四处奔波。

为适应新形势,他边求职边充电,究竟上了多少个培训班,拿下了多少个证书,他已经记不清,而面对的仍是屡屡碰壁。

他虽然有时会感到精疲力竭,也曾打过退堂鼓,但一想到自己的誓言,又重整旗鼓披挂上阵了。

转眼20年过去了,伊万斯已由当年的毛头小伙进入了不惑之年。然而,不仅工作依然没有着落,也耽误了找女朋友。熟悉的人和他开玩笑:"你现在可以什么都不做,就专给那些年轻的求职者做引导员,每次收取他们一定的费用,就能发大财,说不定还会遇上意中人呢。"

每听到这样的玩笑话,伊万斯总会坦然一笑,继续自己的事。他始终相信,只要坚持,愿望总有一天会实现。

他找到当时给他做脑瘤手术的那家医院,一边在那里担任志愿者,一边继续从报刊上寻找招聘信息。医生和护士都被他的执著所感动,纷纷为他提供有关信息,更使他增加了信心。

又是6年过去了,刚进入2010年6月份,伊万斯在投了360多份简历后,终于得到一家养老院的回复,同意招聘他担任一名看护助理,并于当月21日走马上任。

此时,伊万斯已经46岁,找工作的时间更是长达27年,成为英国历史上找工作时间最长的人。

问起伊万斯此刻的心情,他感触颇深:"当这家养老院告诉我,我已经得到看护助理的工作时,我简直不敢相信这是真的,我请求他们再说一遍,放下电话时我依然半信半疑。我虽然经历了许多挫折,但我从未停止尝试。我知道,坐下来靠吃福利过日子很容易,但我不希望虚度余生。我相信,只要不断地找,不管多少年,有朝一日我一定能找到一份工作。现在终于有了回报,这不仅提高了我的信心,也让我明白了一个道理:既然认准了一件事,就勇于坚持做下去,最后的赢家肯定就是你!"

有的人总是在不停地抱怨上天的不公,总是认为别人的成功都很简单,而上天却不给自己成功的机会。其实,不是上天不给你机会,也不是机会的敲门声太轻,而是自己没有把握住机会。一个人如果没有持之以恒的耐心,机会即使在你的手中也会很快溜走的。只要我们不抛弃,不放弃,梦想就会有开花的时候。

下面我再给大家讲一个小故事。

在一个经常干旱的小村庄,有一个人想挖井取水,他经过多年的勘测,终于找到了水源。

于是,他决定在这个地方挖井。但是,他挖到预计能见到水的深度时却没有见到水,他非常失望。他继续往下挖,但依然没有看见水。他彻底失望了,他怪自己看走了眼,认为自己选错了地方,骂骂咧咧地到别的地方去了。

不久之后,又有一个人想要挖井,他来到这个人放弃的地方,他只往下挖了仅仅几尺就见到了甘甜的井水。

其实,很多时候,我们就不知不觉地成了第一个挖井人,在快要成功的时候选择了放弃,使自己以前的努力付诸东流。我们不能说前一个人愚蠢,他能找到水源,就是一种实力;你也不能说后一个人幸运,并不是所有的人都能在别人废弃的地方找到水。有的时候,我们只要再坚持一会,就可以收获果实。

法国生物学家巴斯德说:"告诉你我达到目标的奥秘吧,我唯一的力量就是我的坚持精神。"纵观古今中外的成功人士,他们都有着超乎常人的意志力和忍耐力,而最终的胜利往往就是这种执著精神的馈赠。人生好比行路,当我们向一个目标进发时,往往是最后一段路程最难。因为这时候的体力和耐心已经达到了极限。如果坚持不下去,就会前功尽弃。但如果你想成功,就必须要顶住压力,用尽全力角逐"最后一公里"。当你真正取得成功时,再回头看曾经付出的努力,就会发现,你肩负的压力都已经烟消云散了,取而代之的是成功的喜悦。

笑对别人的嘲讽

宠辱不惊,看庭前花开花落;去留无意,望天空云卷云舒。对于一切荣耀与屈辱都淡然处之,勇敢地面对别人的嘲讽,这是一种境界,是我们每个人都需要的一种人生态度。

我们每一个人生活在这个世界上都不是单一的个体,我们在这个社会上生存,就必须面对不同的人际关系,我们会遇见形形色色的人。不是每个人都可以和你一见如故,面对别人不友善的挑衅和嘲讽,我们应该明确自己的生存价值,认清自己要走的路,不要太在乎别人的看法。只有这样,我们才能笑看人生,用达观的心态去积极进取。

苏秦是战国时期有名的政治家,自幼家境贫寒。他离乡背井到了齐国拜师求学,跟鬼谷子学纵横之术。学业有成之后,苏秦便向他的师父告别,去游历天下,以谋取功名利禄。

谁知道,空有一身抱负的他,数年后不仅一无所获,自己的盘缠也用完了。在走投无路之际,他只好穿着破衣草鞋踏上了回家之路。

　　回到家的时候，苏秦已骨瘦如柴，风尘仆仆，全身破烂肮脏不堪的他犹如乞丐。妻子见他这个样子，不禁摇头叹息，虽然充满同情，但还是显得很冷漠，继续织她的布；嫂子的鄙夷则更加明显，见他这副落魄的样子，扭头就走，不愿做饭；父母、兄弟、妹妹不但不理他，还暗自讥笑他说："按我们周人的传统，应该是安分于自己的产业，努力从事工商，以赚取十分之二的利润；现在却好，放弃这种最根本的事业，去卖弄口舌，落得如此下场，真是活该！"

　　面对亲人的不理解和嘲讽，身为七尺男儿的苏秦，感觉无地自容，惭愧而伤心。于是，他关起房门，不愿见任何人，在这段时间里，他对自己作了深刻的反省："别人看低我是因为我没有成就，如果我能把他们的不屑当做我前进的动力，做出一番成绩，他们自然会改变对我的态度。"

　　于是，苏秦重振精神，发愤再读书。他搬出所有的书籍，用心钻研。他每天研读至深夜，有时候不知不觉伏在书案上睡着了。就是在这样的"头悬梁，锥刺股"的磨砺中，苏秦博览群书，学富五车。后来，他写出"揣"、"摩"二篇。这时，他充满自信地说："用这套理论和方法，可以说服许多国君了！"

　　苏秦开始游说六国，终获器重，挂六国相印而声名显赫，开创了自己辉煌的政治生涯。

　　面对别人的嘲笑，苏秦选择了忍耐，终于用自己的行动推翻了自己在别人心中的形象，证明了自己的价值。嘲讽是生活中永恒不变的话题，没有人能一生不遭遇到别人的讥笑，成功与否就要取决于自己面对嘲讽的态度。有些人一辈子被讥笑淹没，自暴自弃；而有些人则因讥笑而奋发，成就一番功名，后者才是人生的强者。

　　亚伯拉罕·林肯是第16届美国总统，他出身于一个鞋匠家庭。

　　当时的美国社会非常看重门第。在竞选总统时，林肯在参议院发表演说，就遭到一个参议员的羞辱。

　　那位参议员说："林肯先生，在你开始演讲之前，我希望你记住你是一个鞋匠的儿子。"

林肯不卑不亢地回答:"我非常感谢你使我想起我的父亲,他已经过世了,我一定会永远记住你的忠告,我知道我做总统无法像我父亲做鞋匠做得那么好。"这句慷慨激昂的话使参议院一下子陷入了沉默,林肯转头对那个傲慢的参议员说:"据我所知,我的父亲以前也为你的家人做过鞋子。如果你的鞋子不合脚,我可以帮你修好它。虽然我不是伟大的鞋匠,但我从小就跟随父亲学到了做鞋子的技术。"然后,他又对所有的参议员说:"对参议院的任何人都一样,如果你们穿的那双鞋是我父亲做的,而它们需要修理或改善,我一定尽可能帮忙。但是有一件事是可以肯定的,我无法像他那么伟大,他的手艺是无人能比的。"说到这里,林肯流下了眼泪。

听完林肯的这段话,参议院里所有的人无不为之感动,就连那个嘲笑他的参议员也和大家一起,真诚地为他鼓掌。

作为一个出身卑微的人,林肯没有任何贵族专属的硬件条件,但是,面对别人的嘲笑和挑衅时,他没有自卑,也没有无地自容,而是坦然地面对出身,真诚而机智地化解了自己的尴尬境地。也许是对于这份嘲笑的不屑,也许是对于真诚的尊重,当然更多的是对林肯真知灼见的敬佩,最后大家选择了林肯作为美国总统。

不可否认,一个人的出身对其成长是有一定影响的。但是,随着历史的发展和社会的进步,一个人的命运已经不再被出身束缚,越来越多地取决于本人的努力。

面对别人的嘲讽,我们应该静下心来弥补自己的不足,以图大志。面对别人的讥笑,你能够包容,以深厚的修养来冷静处理,不去与其争辩和计较,朝着自己的目标一步步迈进,才能走向理想的成功。

心胸豁达，给心灵减负

非淡泊无以明志，非宁静无以致远。凡俗的我们在这个世界上行走，我们只有用豁达的心胸才能包容生活的琐碎，才能走得更远。

社会不断地发展，社会压力和竞争力与日俱增，我们的生存空间和环境越来越复杂多变，人们对物质生活水平的要求也越来越高，若是你不能以一种豁达乐观的心态来面对无处不在的激烈竞争，去面对生活中无处不在的来自各个方面的压力和挑战，那么你就随时都有可能被乌云密布的氛围所笼罩，也就难以拥有轻松愉快的生活了。

一天，狮子大王来到一个天神的面前，毕恭毕敬地说："感谢您天神，谢谢您让我拥有了如此雄壮威武的体格、强大无比的力气，让我有足够的能力统治这整片森林。如果不是您，我无法建立属于自己的森林帝国。"

天神笑了笑，说："狮子大王，我也很谢谢你的知恩图报。不过，我觉得你一定还有其他的事情有求于我。看起来你似乎在为某事而困扰呢！"

狮子大王说："天神，您真的是无所不知无所不晓啊！确实，我今天有事相求，希望一定要帮忙！"

天神点了点头："什么问题，你说吧。"

狮子大王急忙说道："天神，尽管我现在统治着森林，可是每天早上我都很痛苦。因为那些鸡总会打鸣，并且时间很早，我总是会被鸡鸣声吓醒。祈求您，再赐给我一个力量，让我不再被鸡鸣声给吓醒吧！"

天神笑道："其实这件事不用找我，大象就能帮你解决。你去找它吧！"

告别了天神，狮子大王急忙来到了大象的领地。还没看见大象，他就听到大象跺脚所发出的"砰砰"响声。狮子跑过去，好奇地问："大象，你怎么了？怎么在这里发脾气？"

大象使劲地晃着脑袋，说："有只蚊子钻进我的大耳朵里了，现在我非常痒！"

看着大象的痛苦，狮子想到："大象体积这么大，却怕一只小蚊子，那么，我又何苦害怕一只鸡？毕竟鸡鸣也不过一天一次，而蚊子却是无时无刻地骚扰着大象。这样想来，我可比他幸运多了。"

狮子回到家，看到远处正在散步的鸡，对自己说："人家鸡打鸣是天性，我不可能不让它打鸣的！既然如此，我也没必要痛苦了。反正以后只要鸡鸣时，我就当做鸡是在提醒我该起床了。如此一想。鸡鸣声对我还算是有益处的。"一下子，狮子高兴了起来，不再因为这件事折磨自己。

人生的道路上，无论我们有多好的条件，失意的事情也总会不可避免。如果因为这样，我们就抱怨老天不公平，从而祈求老天赐给我们更多的力量，帮助我们渡过难关，这着实是一种幼稚的行为。实际上，老天是最公平的，就像它对狮子和大象一样，失意同样有它存在的价值，豁达是一种自我精神的解放，如果每天为了生活的得与失，忧与愁煞费苦心，心灵的窗户就会被蒙上灰暗的色彩，就无法理解生活的真正含义，人生也就没有了快乐可言。

豁达不仅是一种自我精神的解放，更是一种超凡脱俗的气质，拥有豁达便拥有了一种淡泊宁静的高雅。"采菊东篱下，悠然见南山"就不仅仅是云淡风轻的感悟。

有一群游客去法国参观一个花园。

随行的导游小姐说："这里之所以有如此美丽的环境，完全归功于一位老年花匠。"于是，一名丹麦游客去拜访了那个老花匠，决定高薪聘请他到丹麦去发展。可是，这位老花匠却说："我在自己的国家生活得很好，我很爱我的工作，我不想离开这里。"原来这位令人钦敬的老人就是法国前总统密特朗。

　　谁会想到一位曾经权倾一时的总统，退职后不但不失落，反而甘之如饴地修理花园，还以老花匠自称。

　　他热爱自己平凡的工作，而且干得一丝不苟，不以物喜，不以己悲，这种豁达从容的生活态度真让我们这些为一些生活琐事缚住手脚的人感到汗颜。

　　拥有豁达的心胸，才能在危难时从容自如，在得意时言行如常，让生活的阳光更加灿烂。

　　泰戈尔说："生如夏花之绚烂，死如秋叶之静美。"豁达就是这种对待生活的乐观态度，让我们变得开朗乐观、积极向上。豁达的人会在嬉笑怒骂当中把悲愁和痛苦撕个粉碎，会在人生低谷当中播撒下希望的种子，会在"山重水复疑无路"时看到"柳暗花明又一村"。

别在过去的失败里驻足

　　记忆总有美好的，同样，记忆也有让我们不堪回首的一幕，面对那些不堪的过往，一个聪明的人不会在过去的错误里驻足。是的，我们应该珍惜眼前，展望未来，重新获得那失去的快乐与成功。

　　面对现实生活的压力，很多人都迷上了"怀旧"，追忆当年的美好似乎是逃避现实的一种普遍出口。适当地回忆过去，也许能够调节生活状态，暂时地减压。但是，如果超过了这个度，那么就有些本末倒置了。

　　花开一季，草木一秋，人生在世，谁都想让此生了无遗憾，谁都想让自己所做的每一件事都永远正确，从而达到自己预期的目的。可很多的幻想都败在残酷的现实里，人非圣人，孰能无过。做了错事，走了弯路之后，我们都会后悔，这是一种很正常的自我反省,但是,如果我们紧抱着后悔不放,活在惭愧和自责里,那就有可能毁掉你的一生。

丁宁曾经是本市的有名的小天才,早在小学时,就凭借着过人的智慧,获得了全国计算机编程大赛冠军、华罗庚奥数竞赛冠军,然而10年之后,她却在一家小型工厂做临时工。为什么会如此?这源于高考时的一次失利。

2004年,丁宁第一次参加高考。学校里一致认为她能考得北大、清华,因为她的三次摸底考试均位列全市前三。而丁宁本人也是信心满满,认为一定能考个好大学。谁知语文考试就给了她当头一棒,由于在作文上耽误的时间较多,结果试卷没有做完就被收走了。她的心智大乱,接下来的几门,都因为过于烦躁而不是特别理想。

高考一结束,丁宁就知道今年失利了。想着这次失败,她的心里非常难受,日渐消沉。后来成绩公布,虽然比预期要差些,但仍轻松超过二本线。可是,丁宁没有选择上大学,而是决定重新复读。

很快,第二年高考又到了,在语文考试时,她的心态又出现波动,去年的那一幕又在眼前浮现。她害怕失败,可是又控制不住地去想那次失败,结果可想而知。这一年,她的成绩又不如去年,只考了400分。第三年、第四年,当曾经的同学已经陆续毕业,她却依然在高考中苦苦挣扎。

第五年高考后,丁宁再也扛不住压力了,最后选择了去一个技校上学。当年那个风光一时的高才生,却因为一次失误,消失在了人们的视线之中。

丁宁的失败,就在于她活在过去的失败里,以至于影响了自己的心态,从而使自己一次又一次地失败。其实,人的一辈子谁没有碰到过挫折呢?我们要学会在挫折中成长,不要因为以前的种种而对自己失去信心,过去的只能是过去了,再回头也不是原来的。事情发生了,你就要学会思考:为什么会发生这些事情?以后努力改善自己,努力向前看,这样才能在下次打个漂亮的"翻身仗"。

过去的事情消失在流逝的时光里,你是再也找不回来了,它仅仅代表你生命中流逝的部分，并不代表现在，更不能代表未来。所以，我们无须沉浸在过去的悲伤里。一位哲人这样说："未来的种子也深埋于过去的时光里，如果你不能正视自己的过去，很难让你的现在和未来开花结果，这可能会导致更多更大的不幸。"

保罗博士是美国纽约市一所著名中学的教师，他在任教期间发现这样一个问题：班上的有些学生平时看起来很用心，但是总是考不出好成绩。

为此，他就对这些学生展开了调查，发现这类学生经常会为过去的成绩而感到不安，他们经常生活在过去的阴影里，只要有一次考试失败，他们就会生活在自责之中，以致影响了下一步的学习。有的学生甚至从交完试卷后就开始为自己的成绩忧虑了，总担心自己不能及格。为了开导这类学生，保罗博士给他们上了这样一堂难忘的课。

有一天，保罗博士把这类学生招集到实验室，在给他们讲课的过程中，无意间就把一瓶牛奶放在实验桌上。下面的学生们很是不明白这瓶牛奶与自己所学的课程到底有什么关系，只是静静地听着他在讲课。忽然，保罗博士站起来，一掌将那瓶牛奶打翻在地上，并大声喊道："不要为打翻的牛奶哭泣！"

课堂上的同学都震惊了，但是保罗博士却叫所有的学生都过来，并围拢到洒满牛奶的地方仔细观察那破碎的瓶子与淌着的牛奶。博士一字一句地说："你们仔细看一下，现在牛奶已经淌光了，无论你再抱怨，再后悔都没有办法去取回一滴。如果你们在事前想一些预防的措施，那瓶牛奶还可以保住，但是现在却晚了。我们现在唯一能做的就是尽快地将它忘却，然后注意下一件事情。我希望你们永远能够记住这个道理！"保罗博士的表演，使所有的学生学到了课本上从未有过的人生道理。

过去的已经过去，不要为打翻的牛奶而哭泣！生活不可能重复过去的岁月，光阴似箭，来不及后悔。从过去的错误中吸取教训，在以后的生活中不要重蹈覆辙，要知道"往者不可谏，来者犹可追"。

别在意曾经的失败,我们就可以给自己一个快乐的情绪。人活在这个世界上,无非是为了使自己更加幸福。忘记曾经的失败,认真地过好每一天,从每一件小事情中去寻求小快乐,生活一定会更加充实。而那些过去失去的快乐,迟早还是会回到你的身边。

不在失败里逗留的方法是很多的,有心的人天天都在学着。

"不要为打翻的牛奶哭泣",深刻地说明了我们不要沉浸在过去的悲伤里。过去的已经成为历史,你可以设法改变以前所发生事情产生的后果,但不可能改变之前发生的事情。唯一能使过去的事情有价值的办法就是,以平静的心态分析当时自己所犯的错误,然后从错误中吸取教训,随后再将这种错误忘掉。过去不能改变,为过去哀伤,为过去遗憾,除了劳费我们的心神,分散我们的精力,糟蹋我们的身体,消灭我们的斗志,它不会给我们带来任何好处。

当下的一切是完全可以掌握在你的手中的。有句话说得好:我不能左右天气,但是我可以改变心情;我不能改变容貌,但是我可以展现笑容;我不能控制他人,但是我可以掌握自己;我不能样样胜利,但是我可以事事尽力;我不能决定生命的长度,但是我可以控制生命的宽度;我不能改变过去,但是我可以利用今天。外界的事物左右不了我们什么,重要的是我们当下的心态。

第五辑

道路越走越窄，因为从未想过退让

　　生活中我们会遇到许多事情，如果没有良好的心态和应对措施，不懂得退让宽容的哲学，这些事情就会演化为过不了的坎，解不开的结，伤了自己，也伤了别人。

　　学会退让吧，因为懂得退让才天地广阔。

放弃并不意味着失败

俗话说:"有舍才有得。"生活中总要有所放弃,当我们面临选择的时候,我们要明白,有时,放弃并不意味着失败,它也是一种智慧。

其实,一生中,我们曾以为重要的不可能放手的事情,随着时间的推移都会变得不再重要了。鱼与熊掌不可兼得。我们总企图更多地占有,面对各种各样的诱惑,欲望变成了我们不断索取的催化剂,即使占有的东西对于自己来说本来就是多余的,也不愿舍弃。

人生就是在不断追求和不断放弃中进行的,只有放弃我们必须放弃的,我们才能拥有更多我们想拥有的。放弃并不意味着失败,塞翁失马,焉知非福。

有位商人带了满满一箱子珠宝和他的儿子一起出海旅行,他们准备在旅行中把珠宝卖掉,为了安全,他们没有告诉任何人这个秘密。

一天,有一个水手发现了他们的秘密,于是伙同其他水手准备夺取珠宝,他们的计划却被商人听到了,他把这一消息告诉了儿子。

"跟他们拼了!"儿子断然道。

"不,"商人回答说,"我们打不过他们!"

"那把珠宝交给他们?"儿子又说。

"也不行,他们会杀人灭口的。"商人很理智。

过了一会儿,商人忽然怒火冲天地冲上了甲板,"你这个笨蛋儿子!"他叫喊着,"你从来都不听我的话!"

"老头子!"儿子也嘶哑着回答,"你从来不说一句值得我听的话!"

当父子俩相互谩骂的时候，水手们都好奇地围到四周。商人突然冲向他的小屋，拖出了珠宝箱。"忘恩负义的儿子！"商人尖叫道，"我宁肯死于贫穷也不会让你得到我的财富！"说完，他打开了珠宝箱，毫不犹豫地将宝物全都投进了大海。

过了一会儿，父子俩都目不转睛地盯着那只空箱子，然后两人躺倒在一起为他们所做的事痛苦不已。水手们也为他们可惜。

回到小屋时，商人说："我们只能这样做，孩子，没有其他的办法能救我们的命！""是的，"儿子答道，"这个法子是最好的。没有了珠宝，他们就没有了谋财害命的理由。"

不出商人所料，一路上，水手们再也没有打过他们的主意，他们安全抵岸，并找到了当地法官，控诉了水手们的罪行，法官了解了事情的真相后，将水手们绳之以法。

这一个聪明的商人，他懂得要想保住性命，必须要放弃他所拥有的财富。是啊，暂时的放弃并不是最终的失败，最后，这个商人还是保全了自己，他取得了最后的成功。

放弃应该放弃的，并不意味着放弃真正有价值的。放弃的大学问里谁的答卷最丰满谁就是最会生活的人。

生活中，放弃也是一种选择，就如面对一道数学题，我们必须放弃不对的思路，问题就在于为认清不对的解题思路，我们所要付出的也更多。像为了清晨出去呼吸一下新鲜的空气，我们必须放弃屋里的温暖与舒适；走在街头，我们必须放弃不能回到自己家的道路；面对失败，我们必须学会放弃失败带给我们的后果；面对成功，我们必须学会放弃成功带给我们的人生的叠加内容。

放弃并不意味着失败。人在一生当中会失去很多东西，不要认为那是老天在惩罚我们，那是老天在给我们机会，给我们重新寻找更人幸福的机会。

有了更好地选择，我们往往需要适时地做出放弃，放弃不等同于失败，放弃是主动地找寻出路，失败是被动地承受恶果。该放弃的时候放弃，就是一种审时度势。有许多的事情，如果因为客观条件不具备，一时难以实现，就需要我们果断地放弃，用新的事物来填补。这种放弃，绝不表示没有恒心，没有毅力，而是一种正确积极的人生态度。理想与信念是值得每个人为之付出一生的，放弃了的则是人生沉淀下来的废渣。

以一种全新的方式来实现自己的人生价值是我们永远的追求。

后退，成为最后的赢家

退是人生的一种大智慧，不论是为人处世，还是做学问搞科研，都要懂得退守之道。过刚则易折，有时，退是为了更好的进攻。

人生，有退也有进，退有时比进更加重要。

在现实社会里有很多为理想而献身的英雄，却缺少那些为理想而选择了暂时逃避，忍辱负重，以求东山再起的大英雄。在困境和绝望面前，选择与敌人拼命，与敌人决一死战，往往很容易，也更易被人承认；而选择与敌人妥协，以求在更恰当的时机，谋求东山再起，往往是困难而具深谋远虑的。

孟子写道："天将降大任于斯人也，必先苦其心志，劳其筋骨，饿其体肤，空乏其身，行拂乱其所为，所以动心忍性，增益其所不能。"欲成大事者必须能屈能伸，人生不是只许前进不许后退。

在竞争日益激烈的当今社会，人们似乎只注意竞争的实惠，而看不到"退"的益处，其实，这是现代人生的一大盲点。

"小不忍则乱大谋"，这句话在民间极为流行，甚至成为一些人用以告诫自己的座右铭。的确，这句话包含有很深的智慧，即有志向、有理想的人，不会斤斤计较个人得失，更不会在小事上纠缠不清。所谓"忍得一时之气，免却百日之忧"。所以，要成就大事，就得分清轻重缓急，大小远近，该"退"时就一定要退，从长计议，从而实现理想宏愿，成就大事、创建大业。

"卧薪尝胆"是大家耳熟能详的故事。

公元前496年，吴王阖闾派兵攻打越国，却反而被越王勾践击败，阖闾因伤重身亡，其子夫差继其王位，誓为其父报仇。

此后，勾践听说吴国要建一水军，于是不顾范蠡等人的反对，出兵要灭此水军，结果被夫差奇兵包围，全军覆没，夫差要捉拿勾践，范蠡建议勾践假装投降，保全性命，留得青山在不愁没柴烧，总会东山再起。无奈之下，勾践选择了向吴王称臣，并亲自带着夫人去侍奉吴王，为吴王更衣、洗脚，做尽了奴仆做的事；勾践甚至为了验证吴王是否生病，亲自去尝吴王的大便。这一连串忍辱负重的行为，终于感动了吴王。

经过三年的忍辱负重，勾践等人终被放回越国。为了一雪前耻，勾践暗中训练精兵，每日晚上睡觉不用褥，只铺些柴草，又在屋里挂了一只苦胆，他不时会尝尝苦胆的味道，为的就是不忘过去的耻辱。为鼓励民众，勾践还和王后一起参加劳动，在越人同心协力之下越国逐渐强大起来。

勾践见时机已到，带领精兵，拿下吴国，夫差后悔莫及，自杀而死。

从勾践灭吴的故事可以看出，有的时候退却是进攻的第一步。勾践在吴越争霸中之所以能取得胜利，除了他具有忍辱负重的精神外，更重要的是他具有谋划大事的智慧和能力。试想，如果勾践只知道一味地忍辱负重，而不去谋划怎样能获得吴王的信任，进一步用美人、财宝去迷惑吴王，他能顺利回国吗？回国后，如果不谋求国家经济和军事的强盛，他也没有灭吴的实力。另外，对这场战争时机的把握，也体现了勾践的智慧，即选择在吴国北上争霸，国中空虚之时，进攻吴国。这些无不体现了退中的大智慧，退是为了更好的前进。

其实,选择退中求发展的人往往另有所图,使自己处于比较有理有利的地位,待时机成熟,便可以退为进了。

唐朝开国皇帝李渊任太原留守时,能征善战的突厥兵时常来犯,李渊与之交战,败多胜少,于是视突厥为不共戴天之敌。

一次,突厥兵又来犯,部属都以为李渊这次会与突厥决一死战,可李渊却是另有打算,他本有起兵反隋之心,但是太原虽是军事重镇,却不是号令天下之地,如果离太原西进,则不免将一个孤城留给突厥,而这个根据地却不能随便放弃。

经过一番深思熟虑,李渊派刘文静为使臣,向突厥称臣,书中写道:"欲大举义兵,远迎圣上,复与贵国和亲,如文帝时故例。大汗肯发兵相应,助我南行,幸勿侵虐百姓,若但欲和亲,坐受金帛,亦唯大汗是命。"

唯利是图的始毕可汗不仅接受了李渊的妥协,还为李渊送去了不少马匹及士兵,增强了李渊的战斗力。而李渊只留下了第三子李元吉固守太原,由于没有受到突厥的侵袭,李渊得以不断从太原得到给养,并养军蓄锐,逐渐强大起来,终于推翻了隋朝,建立了唐朝。

退却是为了更好地前进,退却是不退缩,它是为了更深入地前进。

退却是暴风雨来临之前短暂的平静,在这个短暂的平静中酝酿着更庞大、更猛烈的进攻计划。退是在你实力不具备时暂时的躲藏,是在躲藏中保存实力,以图在适当的时机东山再起!

退一步海阔天空

忍辱是制怒的一部分,在面对一些无理取闹之人的讽刺与侮辱,能够释放于心外才能制怒。我们面对一件事的时候,要谨记:"忍一时风平浪静,退一步海阔天空。"

忍耐并非软弱,它显示着一种力量,是内心充实,无所畏惧的表现。古人说:"君子之所以取远者,则必有所持。所就者大,则必有所忍。"

忍是一种强者的心态,更是一个人的修养和气度。大凡看得开的人都善于忍耐,忍耐是为给自己留有余地,而有了余地方能掌控住大局。虽忍耐是从忍受开始的,而忍耐也绝非是时刻地忍受。

李三才是明朝几经沉浮的一位官员,有次上朝,他居然对明神宗说:"皇上爱财,也该让老百姓得到温饱。皇上为了私利而盘剥百姓,有害国家之本,这样做是不行的。"李三才毫不掩饰自己的愤怒、说话也不客气的行为激怒了明神宗,他也因此被罢了官。

后来李三才东山再起,有许多朋友都担心他的处境,于是劝他说:"你疾恶如仇,恨不得把奸人铲除,但也不能把喜怒挂在脸上,让人一看便知啊。和小人对抗不能只凭愤怒,你应该巧妙行事。"李三才则不以为然,反而认为那样做是可耻的,他说:"我就是这样,和小人没有必要和和气气的。小人都是欺软怕硬的家伙,要让他们知道我的厉害!"

没过多久,李三才又被罢了官。回到老家后,李三才的麻烦还是不断。朝中奸臣担心他再被重新起用,于是继续攻击他,想把他彻底搞臭。御史刘光复诬陷他盗窃皇木,营建私宅,还一口咬定李三才勾结朝官,任用私人,应该严加治罪。李三才愤怒异常,不停地写奏书为自己辩护,揭露奸臣们的阴谋。他对皇上也有了怨气，居然毫不掩饰其愤怒情绪，对皇上说："我这个人是忠是奸，皇上应该知道的。皇上不能只听谗言。如果是这样，皇上就对我有失公平了，而得意的是奸贼。"然而这样只能导致失败的后果了。

"忍"是一种内涵，它可以戒掉嚣张。嚣张是由傲气引起的，因此戒嚣张的根源就在戒除傲气上——戒除了傲气就解除了嚣张。

我们生活的现实社会日新月异、变化无穷，我们面临的竞争也越来越激烈，但我们切不可忘记也不要忽视"忍"。人生之所以多烦恼，皆因遇事不懂得隐忍。忍让，是一种难得的智举。

许多人都会在自觉与不自觉之间信奉着一个字——"忍"，虽然信奉"忍"字的人很多，然而真正了解它内涵的却少之又少。其实，忍让并不是软弱的表现，它是大智若愚的隐忍，我们只有学会了忍让，才有可能使自己顺利地发展。

蔺相如是赵国宦官缪贤家的门客，廉颇是赵国的大将，蔺相如因为为赵国夺回和氏璧。而被赵王拜为上卿，位在廉颇之上，而在这次和氏璧争夺战中，廉颇也立下了汗马功劳，却没有得到什么封赏。廉颇于是说："我当赵国的大将时，有攻城野战的大功劳，可是蔺相如只凭着三寸不烂之舌立下功劳，如今职位却比我高。况且蔺相如出身卑贱，我感到羞耻，不能忍受(自己的职位)在他之下的屈辱!"并扬言说："我若碰见蔺相如，一定要羞辱他。"蔺相如听见这话，不肯和廉颇见面。相如每到上朝时，常说有病，不愿和廉颇争高低。过了些日子，蔺相如出门，远远望见廉颇，就叫自己的车子绕道躲开。

于是，他的门下客人都对相如说："我们所以离开家人前来投靠您，就是因为爱慕您的崇高品德啊。现在您和廉颇将军职位一样高，廉将军在外面讲您的坏话，您却害怕而躲避他，恐惧得那么厉害。连一个平常人也觉得羞愧，何况您还身为宰相呢!我们实在不中用，请让我们告辞回家吧!"蔺相如坚决挽留他们，说："你们看廉将军和秦王哪个厉害?"回答说："自然不如秦王。"相如说："像秦王那样威风，而我还敢在秦国的朝廷上叱责过他，羞辱他的群臣。难道单怕一个廉将军吗?

但我考虑到这样的问题：强大的秦国之所以不敢发兵攻打我们赵国，只是因为有我们两人在。现在两虎相斗，势必有一个要伤亡。我之所以这样做，是因为先顾国家的安危，而后考虑个人的恩怨啊。"

廉颇听到了这些话，便解衣赤背，背上荆条，由宾客引着到蔺相如府上谢罪，说："我是个鄙贱的人，不晓得宰相宽厚到这个地步啊！"

两人终于握手言好，成为誓同生死的朋友。强秦对赵国的野心也只好暂时收起，国家得到了安定，人民得到了平安、幸福。

这个故事告诉我们，做事不一定非要与人争一时的高下，争一时的高下是武夫的行为。从大的方面讲蔺相如充分认识到了秦国之所以不敢侵犯赵国是因为他们两人的存在，如果他们两虎相斗，必定会像斗鸡博弈一样两败俱伤，更会殃及赵国，使秦国乘虚而入，一举拿下赵国。从小的方面讲，如果蔺相如也对廉颇恶语相向，那么，他们之间就会越来越仇视对方，彼此都会失去一个生死之交。所以，退却，有百利而无一害。

"容忍"二字自古到今，被仁人志士运用得淋漓尽致。"容忍"是对意志的磨炼，爆发力的积蓄，是用无声的奋斗冲破罗网，用无形的烈焰融化坚冰。让我们往后退一步，在容忍中发奋，在容忍中拼搏。

让他三分又何妨

人，大多数有名利之心，与人争，与事争。如果能与人无争则人安，与世无争则事安；人、事皆无争，则世界亦安。

学会弯腰是为人处世中的一种方略，是化解矛盾，以退为进的有效方法。它在保全别人面子的同时，也能消除别人对你的偏见与敌视。尤其在你面对某种问题而无法抗衡之时，妥协一下，定能化解许多麻烦。如此，何乐而不为呢?

心胸豁达，互相礼让，会让我们得到很多朋友，反之，我们则会失去很多朋友。其实，朋友之间，让他三分有何妨呢?

在现实生活中，人或许会遇到这样一些情况：可能是平白无故的批评，也可能是莫名其妙的指责；可能来自于同事和朋友们的误解，也可能是出于某些不安好心的人的唆使和阴谋。在这些情况下，如果我们不明察事理，立刻进行反击，则很容易把事情弄糟，甚至是把好事办成坏事，而"忍"则有助于帮助我们去处理好这些问题。

据《桐城县志》记载，清代(康熙年间)文华殿大学士兼礼部尚书张英的老家人与邻居吴家在宅基的问题上发生了争执，两家大院的宅地都是祖上的产业，时间久远了，本来就是一笔糊涂账。想占便宜的人是不怕算糊涂账的，他们往往过分相信自己的铁算盘。两家的争执顿起，公说公有理，婆说婆有理，谁也不肯相让一丝一毫。由于牵涉到宰相大人，官府和旁人都不愿沾惹是非，纠纷越闹越大，张家人只好把这件事告诉张英。家人飞书京城，让张英打招呼"摆平"吴家。

张英大人阅过来信，只是释然一笑，旁边的人面面相觑，莫名其妙。只见张大人挥起大笔，一首诗一挥而就。诗曰："一纸书来只为墙，让他三尺又何妨。万里长城今犹在，不见当年秦始皇。"交给来人，命快速带回老家。家里人一见书信回来，喜不自禁，以为张英一定有一个强硬的办法，或者有一条锦囊妙计，但家人看到的是一首打油诗，败兴得很。

于是立即动员将垣墙拆让三尺，大家交口称赞张英和他家人的旷达态度。张英的行为正应了那句古话："宰相肚里能撑船。"宰相一家的忍让行为，感动得邻居一家人热泪盈眶，全家一致同意也把围墙向后退三尺。

两家人的争端很快平息了，两家之间，空了一条巷子，有六尺宽，有张家的一半，也有吴家的一半，这条几十丈长的巷子虽短，留给人们的思索却很长。于是两家的院墙之间有一条宽六尺的巷子。

俗话说,远亲不如近邻,张英没有依仗自己的权势干预这件事,而是用退让化干戈为玉帛,使得两家没有因此而结下宿怨,很好地处理了邻居关系,消除了再次发生矛盾的隐患,这是一种无争的宽怀。

"让"有时候会被认为是屈服、软弱的投降举动,但若从长远来看,"让"其实是低调务实、通权达变的智慧。凡是聪明的人,都懂得在恰当时机忍耐,毕竟人生存靠的是理性,而不是意气。忍耐常有附带条件,如果你是弱者,并且主动提出忍耐,那么虽然可能要付出相当的代价,但却可以换得"生存"的空间和余地;"生存"是一切的根本,没有"生存",就没有明天,没有未来。也许这种附带条件的忍耐对你不公平,让你感到屈辱,但用屈辱换得生存,换得希望,显然也是值得的。

所以说,我们有的时候,不一定要硬碰硬,让人三分,也许就不会把自己逼入绝境,一切还有转圜的余地,只要有余地我们就还有赢的可能。

退让,不为虚名所累

《飘》的作者玛格丽特·米切尔说过:"直到你失去了名誉以后,你才会知道这玩意儿有多累赘,才会知道真正的自由是什么。"面对纷繁的世界,很多人都会迷失心智,刻意追求那些看不见、摸不到的虚名,其实,我们只有不为虚名所累,才会走得更远。

追求虚名,这正是导致我们心态失衡的罪魁祸首。盛名之下,是一颗活得很累的心,因为它只是在为别人而活着。而有的人取得荣誉之后,就不顾自己的实际,不顾一切地要维护自己的名誉,结果,早早地被荣誉累死了,这实际上是得不偿失的。

生命是一种心境

生活中，很多人都不懂得舍弃虚名，从而失去了常人生活的乐趣。总是想着自己的一举一动、一言一行都要符合自己的身份，仿佛给自己带上了名誉的枷锁，从而失去了生活的自由，也失去了生活的本真。而反观那些真正快乐的人，却知道忘记声誉，摆脱束缚。正如大科学家爱因斯坦说："除了科学之外，没有哪一件事物可以使我过分喜爱，而且我也不过分讨厌哪一件事物。"

司马懿在渭北寨内传出命令："渭南寨栅，如今已丢失，将领如果再有请求出战者，斩。"各部将领听令，只守不攻。郭淮入帐告懿说："最近几日，孔明带兵巡哨，肯定会选择地方安营扎寨。"懿说："孔明若是择靠山之东，我们都危险了，若靠山之南，西倚五丈原，我们会平安无事。"命人探查，果然扎在五丈原，懿以手拭额说："这是大魏皇帝的洪福！"

随后令诸位将军："坚守勿出，时间长了，自会有变更。"

孔明领兵扎寨在五丈原，多次令人到曹营请战，魏兵都不出战。孔明命令把巾帼和妇人缟素之服，装入一个大盒子内，并写了封书信，派人送到魏寨。诸位将士不敢怠慢，带着来人见司马懿。司马懿当众打开大盒，看见里面放着妇人的巾帼衣服和一封书信。司马懿拆开书信，上面写道："仲达你身为大将，统领中原之众，不思披坚执锐，以决雌雄，躲躲闪闪，不敢出战，和妇人有什么差别呢？今派人送去巾帼女衣，你如果抱定不出战，则请拜上两拜，接受这身礼服。倘若羞耻心没有泯灭，仍留有男子汉的胸襟，把这衣服退回，按照日期赴敌。"

司马懿看完心中大怒，但表面，假装笑脸说："孔明是把我当做妇人啊！"然后接受了这套衣服，并对来使以礼相待。魏国的将士都知道孔明用巾帼女衣侮辱司马懿，而司马懿接受了这些衣服，仍不出兵。众位将士愤愤不平，入帐说："我们都是大国的名将，怎么能忍受蜀国人带来的侮辱！请求立即出战，以决雌雄。"司马懿说："我并非心甘情愿受辱而不敢出兵。无奈天子有旨意，命令只可守不可攻。我如果轻易出兵，这不是抗旨吗？"诸位大将还是愤愤不平。

司马懿说："你们真的要出兵就与我上奏天子，咱们同心协力，一起赴敌，怎么样?"大家应许。司马懿上表给曹睿说:"我才疏学浅,您委以重任,我按照你的旨意,命令众人坚守不战,让蜀国人不打自退;谁知诸葛亮派人送巾帼妇人之衣侮辱我。我遵照您的旨意以后以死报国,将效死一战,以雪三耻,不胜激切!"

曹睿看完了司马懿的奏表,对众臣说:"司马懿不是坚守不出吗?为什么现在又上表求战呢?"卫尉辛毗说:"司马懿本身没有战心,只是因为众将受了诸葛亮的耻辱,愤愤不平的缘故,故意上此表,请您明察,让诸位将军死心罢了。"曹睿同意这一看法,让辛毗到渭北寨传旨。

司马懿把辛毗请入帐中。辛毗传旨:"如果有再敢请战旨,以违者论。"众位大将只能奉旨行事了。司马懿暗暗对辛毗说:"还是你知道我的心意!"

蜀国将士听说此事后报告给孔明。孔明说:"这只是司马懿安顿三军的方法罢了。"姜维问:"丞相又是怎么知道的?"孔明说:"司马懿本身无战心,所谓请战,只是让众人看个样子罢了。将在外君命有所不受。千里之外哪有请战的道理?只因魏将愤愤不平,才特意假借曹睿之手,制服众人。并把此事传出,乱我军心。"

司马懿不为虚名所累就是看穿了对方的动机,并不是以忍"妇人之辱"为出发点的,诸葛亮以请战为目的才未达成。如果司马懿为了名将的虚名,逞一时之勇,诸葛亮是不会有这样的遗憾的。

很多人为虚名所累,从而丢掉了宝贵的生命。所以,面对荣誉,我们应该保持清醒的头脑,维护内心的平静。

追求人生目标,走自己的路,干自己的事,不因小成就妨碍自己的大成功,这样才能使你获得真正的荣誉。

理解退让，不和父母针锋相对

我们的父母对我们的爱是毋庸置疑的，但是，"人非圣贤，孰能无过"，面对父母的不是，我们不能心存抱怨，要微笑面对才能去化解、去改变。

父母是这个世界上与我们最亲近的人，是他们给了我们生命和无私的爱。但一家人生活在一起难免会产生摩擦和误会，于是，彼此之间就有了抱怨。如果我们将其永久地放在心中，那么，我们的家庭就会充满阴霾，我们的人生就不会幸福、快乐。

其实，亲人之间没有隔夜仇，面对那些不愉快，我们要学会宽容和忘记，只有这样，我们才会拥有一个幸福美满的生活。

树欲静而风不止，子欲养而亲不待。生命太过短暂，容不得我们为了一些外物和解不开的死结破坏其原本存在的平静，所以，我们要学会珍惜，不要在抱怨中消磨能够和父母在一起的日子，我们要及时行孝，用我们的真心去感恩父母所给我们的一切，才会在以后的日子里了无遗憾。

晚饭后，刚上五年级的小芳，大声嚷嚷道："妈妈，问您一个问题，您的心愿是什么？"

母亲忙着似乎永远也忙不完的家务回头先是一愣，接着不耐烦地回答："心愿很多，跟你说没用。"

小芳执拗地要求："您就说说看，这对我很重要。"

母亲看到小芳坚持的样子，就回答说："好吧，就说给你听听。我的心愿是希望你努力学习，听话，不让大人操心，将来考上名牌大学……"

"哎,妈妈,您不要总是说对我的期望,说说您自己的心愿吧?"小芳打断母亲的回答。

母亲沉浸在对美好未来的种种设想之中:"我嘛——希望身体健康,青春长驻;工作顺心,事业有成;家庭和睦,美满幸福……"

"妈妈,您说的这些又大又空,说点实际的吧,比如您想要……"小芳再次打断母亲的回答。

母亲好像猛然发现了什么似的,有些恼火地打断小芳的话:"我就知道你跟我玩心眼儿,一定是老师留了关于心愿的作文题目,你写不出来就想到我这里挖材料对不对?实话告诉你吧,我的心愿多着呢!我想要别墅,我想要小轿车,我想要高档时装,看,我的手袋坏了,还想要一只真皮手袋,你看这些实际不实际?这些你都能满足我吗?跟你说顶什么用?好了,心愿说完了,你去写作业吧。"

小芳伤心地回到了自己的房间,母亲觉得还意犹未尽,又站起身推开小芳的房门。小芳正在写作业,串串泪珠滚落,不停地用手背擦着。母亲的火又上来了,声音比刚才还要高出几个分贝,吼道:"你还觉得挺委屈是不是?你想偷懒是不是?你故意气我是不是?"

"妈妈,我不是……"小芳很想解释。但妈妈已经怒火攻心。大声道:"还敢顶嘴!告诉你,9点钟之前写不完这篇作文有你好瞧的!"

第二天晚上吃完饭,小芳照例进屋写作业,母亲照例重复着每日必做的家务。突然妈妈发现茶几上多出了一束鲜花,鲜花旁放了一个包装袋,包装袋上放了一张小纸条,纸条上面工整地写着:

妈妈:

今天是母亲节,祝您节日快乐。我用平时攒的零花钱和这两年的压岁钱给您买了一只真皮手袋。让您高兴,这是我最大的心愿。

想给您一份惊喜昨天却不小心惹您生气了。

母亲的手颤抖了,迟迟才推开小芳的房门。

用零用钱给妈妈买个手包,对一个孩子来讲,她付出的不是一个手包那么简单,在买之前还得套问出妈妈最想要的是什么,这个孩子的有心程度令人感动。

但有时候,人们爱用自己的思维去猜度别人的想法,于是就会不可避免地产生了误会。小芳的母亲对小芳的误解和批评的确对小芳的心灵造成了伤害,可是小芳没有去抱怨,没有去跟母亲大声争论,而是选择了宽容与理解,用实际行动证明了自己对母亲的爱,最终也获得了母亲的理解。

家庭是父母亲为我们搭建的,父母亲在家里很强势地对待我们那是他们的事,我们怎样看待他们的局限是否利于我们的发展和成熟那是我们的事。

对于父母我们绝不能心怀怨恨,因为他们毕竟是自己的父母,绝不能因为他们不明白道义或有过失就不行孝道。否则,自己连孝都做不到,又怎么去要求父母做这做那呢?面对父母的不是,我们做子女的唯一选择就是要学会微笑面对,不和父母针锋相对,该退让时就退让,这才是真正的孝道。

第六辑

感恩，是种在心里的一棵幸福树

懂得感恩是幸福的。当我们对更多的事、人和情境心怀感恩的时候，就是我们享受更多幸福的时候。

付出，会让我们得到快乐

印度有句古谚是："赠人玫瑰之手，经久犹有余香。"它的意思是：一件很平凡微小的事情，哪怕如同赠人一枝玫瑰般微不足道的小事，但它带来的温馨也会在赠花人和爱花人的心底慢慢升腾、弥漫。是的，生命因有了爱，而更加富有，更加幸福因付出了爱而更有价值，更为芬芳。

让我来替你担当，不要让烦恼在心底躲藏，让我将爱心化作光芒帮你把道路照亮。那是我温暖的目光，那是我慷慨的解囊，那是我的真情在流淌，愿你把所有的艰难都遗忘。请收下吧，我送你的玫瑰花，让你的生活充满希望。请收下吧，我送你的玫瑰花，让我的双手留有余香。

这是一首充满温情的歌，是的，赠人玫瑰，手有余香，一个人的一生并不是孤零零地存在这个世界上的，我们生活在社会这个大家庭里，只要我们心中有爱，我们的生活就会充满希望。有时候，我们播下一份爱，就会收获整个幸福的人生。

下面我给大家讲一个真实的故事，故事的主人公是奥斯多利亚大饭店经理乔治·波非特和他的恩人威廉先生。

那是一个极其寒冷的冬天，天空飘着很大的雪，夜色越来越浓，路边一间简陋的旅店迎来了一对上了年纪的客人。然而不幸的是，这间小旅店早就客满了。

"这已是我们寻找的第 16 家旅馆了，这鬼天气，到处客满，我们怎么办呢？"这对老夫妻望着店外阴冷的夜晚发愁地说。

"如果你们不嫌弃的话，今晚就住在我的床铺上吧，我自己在店堂里打个地铺。"店里的小伙计不忍心这对老人出去受冻，便建议说。

　　老夫妻非常感激,于是在这里住下了。第二天他们要照店价付房费,小伙计坚决拒绝了。

　　临走时,老夫妻仿佛开玩笑似的说:"你经营旅店的才能可以当一家五星级酒店的总经理。"

　　"那真是太好了!那样我的收入就可以养活我的老母亲。"小伙计随口应道,哈哈一笑,眼睛里充满光芒。

　　故事在这里本来应该结束了,可是,没想到的是:两年后的一天,小伙计收到一封寄自纽约的来信,信中夹有一张往返纽约的双程机票,邀请他去拜访的正是当年那对睡他床铺的老夫妻。

　　小伙计应邀来到繁华的大都市纽约,老夫妻把小伙计引到第5大街和34街交会处,指着那儿的一幢摩天大楼说:"这是一座专门为你兴建的五星级宾馆,现在我们正式邀请你来当总经理。"

　　小伙计目瞪口呆,他不确定自己是不是在做梦。他因为一次举手之劳的助人行为,把美梦变成了现实。

　　这个故事告诉我们,不以善小而不为,小伙计有一颗善良的心,所以才会做出那次举手之劳的助人行为,也因此改变了自己的一生。我们不妨想一下,如果小伙计面对老夫妻的无助,视而不见,那么,他的人生不会出现转机,他可能永远走不出那个简陋的小旅馆。

　　虽然说付出是不需要回报的,但是,俗话说,"投之以桃,报之以李",每个人都会有一颗感恩的心,今天我们帮助他人,给予他人方便,他人可能不会马上报答我们,但会记住我们的好,也许会在我们最需要帮助的时候能解我们的燃眉之急。

　　从另一个角度来说,我们帮助了别人,别人即使不会报答我们,但可以肯定的是,他日后至少不会做出对我们不利的事情。如果大家都不做不利于我们的事情,我们以后的人生道路就会少了很多阻碍,这不也是一种极大的帮助吗?我们并不是说,助人就一定要得到回报,我们也不可能都像小伙计那么幸运,但是,善

生命是一种心境

良是我们的灵魂所固有的一种感情,助人能使我们永葆一颗纯粹的、善良的心。

一个善天使和一个恶天使总是争论人性是善还是恶的问题,这天,他们为了证明各自的观点来到了人间,他们首先来到一个公园。

这是一个很平常的清晨,云淡风清,阳光异常地好,公园的木椅上坐着一个女孩,面对这样的美景,她的眼里却充满愁苦和忧伤。

一个男孩吹着欢快的口哨从旁边经过,看得出,他的心情很愉快。当他看到泫然欲泣的女孩,他停下了脚步,男孩随手采了一束狗尾草,微笑着送给女孩,而后继续快乐地吹着口哨,慢慢地走远。留下女孩逐渐展开的笑颜。

看到这一幕,善天使得意地望了望恶天使说:"现在该相信我说的吧,人性本善。"恶天使很不服气地要去另一个地方看看,证明这只是一个意外,于是,他们来到了大街上。

大街上,每个人都行色匆匆,一个洒水车司机发现了一位衣衫褴褛的小男孩一直尾随其后,一条街,又一条街。

司机终于忍不住好奇,停车询问。原来小男孩是个孤儿,今天是他的生日,而洒水车放出的音乐,正是那首《祝你生日快乐》。

司机得知原委,双眼潮热,邀请小男孩坐在驾驶室。那个清晨,整个城市便飘荡着温馨的生日歌。

突然,善天使的耳边也传来这首生日歌,他回过头,发现恶天使也在跟着节奏轻轻的唱着:祝你生日快乐。善天使会心地笑了。

只要人人都献出一份爱,世界将变成美好的人间。人性本善,人们用实际行动改变了恶天使对我们的看法,也最终感化了恶天使。所以,要时刻保持一颗同情心,我们不能对身处困境的人熟视无睹,丧失了同情心的人会把自己推进冷漠的世界。我们也许都听过:"付出是给自己的回报。"这当然是真的,而且比任何理由更值得付出。付出是一种美德,不但帮助了他人,还为自己创造了更多。

灵魂最美的音乐是善良。行善是一种美德,善行既可以帮助身处困境中的人,又可以使自己的心灵得到安慰,使自己的修养得到提升。我们要用爱来充实自己的人生,去付出,去给予,但我们也要明白付出是不求回报的,当你做善事而心存回报的企图时,你的善良已然变味,那就是伪善。然而,当你用一颗无私的心去付出时,你收获到的也将是累累的硕果——尽管你看不到,但你的心是幸福的、充实的、美好的。

幸福,是因为亲人给了我们无私的爱

血浓于水的亲情是我们每个人来到这个世界上最初的情感,不论我们走多远,不论我们有多长时间对它弃之不顾,它都在我们的身边,不离不弃。是的,家,永远是我们最温暖的港湾。

在各种感情泛滥的今天,我们可能常常会为那些把握不住的情感而伤心、失望,感觉自己的人生一片灰暗,而往往却忽略了我们身边最平凡的情感——亲情。

在我们的生活中,亲人是我们最值得信赖的同伴,是我们的精神支柱。亲人总是会包容我们的任性,原谅我们一次小小的错误;亲人总是在我们最需要帮助的时候伸出援助之手,让我们顺利渡过难关;亲人总会在我们跌倒的时候扶起我们,轻轻地擦干我们的眼泪说,别怕,有我们……

是的,当所有人都离开我们的时候,我们还有他们。

有一个小男孩,他的一只脚要比另一只长出很多,走起路来跛得就像一只小鸭子。他因此经常遭到周围小朋友的嘲笑以及众人异样的眼光,懵懂的孩子哭着问父母自己为什么会这样,是不是永远都这样了?

父母忍着泪水骗他说:"孩子,这不是病,只要你努力练习走路,经常走就会和别的小朋友一样了。"

听了父母的话,小男孩一直努力地练习走路。父母也带着他遍访名医,试过各种奇药、偏方。多年的辗转奔波,可是小男孩的病却没有一点起色,父母并没有因为伤心欲绝的痛楚而放弃,依旧对治好孩子的病抱有希望。小男孩就这样在父母用善意编织出的谎言里,安心地度过了自己的童年。

小男孩渐渐长大了,也明白了事情的真相。他并没有伤心,更没有责怪自己的父母。因为父母为他流的泪以及多年的努力,已经将他心灵上的伤口医治好了。父母多年来无悔地为他做出各种努力与牺牲,早就已经让他的痛楚麻木了。他更加理解:父母所受到的心灵上的痛楚要远远超过自己所受到的。他丝毫没有失落的感觉,更没有任何的怨言,相反他十分珍惜与父母在一起的快乐而短暂的时光,因为父母的爱融化了他心中的坚冰,为他搭起了一座成长之桥,这座桥由地而起,升起在空中,让他站得比任何人都要高;这座桥凌驾于生命之上,他心中对父母的感恩足以消除生活中一切的不如意。

小男孩为了想让父母记住自己最灿烂的笑容,他躺在病床上,面对病魔与即将到来的死神,忍受着无数的痛与苦,可他没有流过一滴眼泪,微笑着面对父母。

他在离开这个世界的前夕,已经没有力气再说一句感恩的话语,他只能在脑海中不断搜寻过去与父母一起度过的快乐而短暂的时光,一个个画面串联起来,变成了一个让自己感动不已的回忆故事。无情的死神还是把他带到了另一个世界,他在世间停留得如此短暂,但是他却是带着微笑离开,毫无怨言,因为他的心中充满了对父母的爱,不管走在哪里都是春暖花开。

有亲人在身边,我们就会有无限的力量去克服各种困难,因为我们的天空并不是我们自己一个人在支撑,我们并不孤单。

面对为我们默默付出的亲人,我们即使付出我们的所有也报答不了,我们只能用一颗感恩的心去感谢他们,努力地做好自己,不让他们失望。我们要感谢身边所有的亲人，因为有了他们无私的奉献，我们才能够茁壮地成长。珍惜与亲人在一起的每一分每一秒，多为身边的亲人着想，在生活中多一些谅解与体贴，珍惜每一个亲人为我们所做出的一点一滴，我们就能感受到亲情带来的美好。

父母不幸出车祸身亡时晓彤才十岁，从此晓彤孤苦无依。晓彤的姑姑把她接回家照顾，起先因为晓彤觉得自己是个外人所以她很排斥姑姑一家人，怎么都不愿意与姑姑一家人说话，总是把自己关在房间里独自哭泣。

姑姑对晓彤的照顾无微不至，慢慢地打开了晓彤封闭的心门。姑姑总是很关心她的一切，对待她比对待自己的孩子还要好。这让晓彤感觉到姑姑一家人都很爱自己，她很感动。晓彤很喜欢美术，于是姑姑就帮她报了兴趣班，而学美术的费用并不便宜，这对于普通工薪家庭的姑姑家来说，是一个不小的负担，但是姑姑却没有丝毫的犹豫，交了钱就让晓彤去学美术，姑姑抚摸着晓彤的头说："晓彤，姑姑既然答应你爸妈照顾你，就会让你过得快乐，喜欢美术那就好好学吧，你这么聪明长大后一定会很有出息的。"

从此晓彤走进了自己梦想的家园，她在心里暗自发誓，一定要好好学，将来报答姑姑一家人对自己的照顾与关爱。后来晓彤不负众望，考取了中央美院。

去大学报到的前一天，姑姑一家给晓彤送行，晓彤举着酒杯敬姑姑一家人，满含着感恩的泪水说："谢谢你们，是你们给了我全新的生活，让我有勇气活下去，你们就是我在这个世界上最亲的人。"

晓彤毕业后，在一家广告公司上班，她把姑姑、姑父接到身边照顾，她抓着二老的手动情地说："姑姑、姑父，你们无私地把我养大，教育我成才，现在我应该好好地报答你们，我的父母我已经没有机会孝顺了，因此我要好好珍惜孝顺您二老的机会，因为在我眼里，你们就是我的父母！"听了晓彤的话，姑姑姑父欣慰地笑了。

俗话说"滴水之恩，当涌泉相报"，我们的成长过程中，亲人给予了我们太多太多，晓彤用她充满感恩的心再次获得了家的温暖，她的人生将不再孤单。

其实,我们的父母以及其他的亲人为我们付出的并不是小小的"一滴水",而是浩瀚的大海,他们的爱包围着我们,让我们免于受到任何的伤害。

亲情是世界上最灿烂的阳光,可是很多时候我们却忽视了,只因为他们的爱太过平凡,可他们所给予的爱却比一切来得更长久,来得更贴心。那份无言的爱,是人间最美的声音。感谢父母和身边所有的亲人,因为有他们的存在,我们才有了拼搏的勇气与力量。有了父母与亲人的陪伴,我们的人生道路才会有一份份的爱,一份份的关怀,我们才会有一颗热忱、感恩的心。

微笑,让你的世界充满阳光

阳光和鲜花在达观的微笑里,凄凉与痛苦在悲观的叹息中。微笑是人与人之间传达感情最直接的方式,微笑让人如沐春风,可以给我们向上的信心、生活的勇气。

在人与人的交往中,每个人都会希望自己给别人留下很好的印象,一个好的印象可以创造出一种轻松愉快的气氛,从而使彼此建立起友好的关系。微笑是打开彼此心扉最好的钥匙。

很多人说眼睛是心灵的窗口,一些心理学家曾对人的脸部表情做过研究,结果出人意料,嘴在表达各种思想感情方面的作用比眼睛还要重要,在脸部表情这一体态语言中,不管面部表情如何复杂、微妙,在交往中最常用、最有用的面部表情就是微笑,微笑是最能起到社交作用的一种表情语言。

正确运用微笑的方式,有助于强化有声语言的沟通功能,拉近人与人之间的距离。这个世界没有欠我们什么,我们要对这个世界报以微笑。

那些日子,为了赚取一点稿费维持生活,她常到附近的邮局寄稿子,渐渐地她发现了一个问题,那就是每次都是她冷冰冰地递过钱去,那边冷冰冰地递邮票过来,彼此对视熟悉的脸却毫无表情。

"为什么不能有礼貌点呢?"她想。于是,她决心改变这种气氛。

这天,她又去这家邮局寄稿子。

"请你给我五张两角的邮票好吗?"她还是像往常一样递过钱去,不同的是脸上带上了微笑,嘴里也有了声音。

对方的脸上露出一份惊奇,唇边泛起一丝笑意,当邮票递过来,她对她说"谢谢"时,她们相视而笑了。

从此以后,每到这家邮局去寄信,她们总是相对微笑着,彼此话语虽不多,但一份默契与温馨却在她的心中流淌。

于是她悟出了一个道理:只要不吝啬你的微笑,别人也不会吝啬他的微笑。

后来,她开始把微笑用在和别人的交往中。

有一次,她去照相馆取照片,由于早去了一天,照相馆里的大伯在一大堆照片中翻拣了半天也没有找出她的照片,她看得出大伯有点不耐烦。

她连忙微笑着说:"麻烦您了,大伯,让您找了那么长时间。"

于是,大伯脸上的不耐烦顿时烟消云散,而且笑呵呵地说:"哪里,哪里,倒是要让你再跑一趟了。"

越来越多的经历告诉她,微笑是沟通心灵的调和剂。浅浅一个微笑,具有无穷的力量,于是,在后来的生活中,她将微笑的力量发挥到淋漓尽致。

她的经历充分地说明,微笑是各种社交场合的通行证,是这个世界上最美丽的表情。"一笑倾人城,再笑倾人国",冷若冰霜的美貌怎么能够比得上一个真诚、愉快的微笑呢?会微笑的人心地平和,乐观处世;会微笑的人都会善待人生,朝气蓬勃;会微笑的人拥有强大的自信,他们对自己的魅力和能力抱着积极和肯定的态度。会微笑的人内心都流露出真诚与友善、坦荡与善良,会微笑的人都拥有良好的心境,他们的心底充满了阳光。只要我们学会了微笑,我们走到哪里就会成为哪里最受欢迎的人。

俗话说："笑一笑，十年少。"微笑是有生命张力的，你对我笑笑，我对你笑笑，心中便无隔阂。用自己的微笑去欢迎每一个人，也就必会成为最受欢迎的人，用微笑来面对生活，生活也会给我们报以轻松的微笑般的感觉。微笑，其实是心动的刹那，是最灿烂的生理机能姿态，却能创造出许多奇迹；微笑生于感念，衍于情怀，它丰富并滋养了那些接受它的人，而又不使给予的人变得贫瘠；它产生于一刹那间，却给人留下永久的记忆。它创造家庭快乐，建立人与人之间的好感；它是疲倦者的休息室，沮丧者的兴奋剂，悲哀者的温馨处所。所以，不管我们遇到多么大的挫折，只要我们微笑面对，我们的生活就会到处充满阳光。

有一天，梅涛下班后，拦了一辆出租车。一坐进车中，他便感觉到这位司机是一位极为乐观的人。因为，司机先生一会儿吹吹口哨，一会儿播放时下最流行的歌曲。梅涛见他如此快乐，便羡慕地对他说："你今天的心情真好呀！"

司机先生笑着说："当然呀，我每天都是如此呀，为什么会心情不好呢？"

梅涛微笑着回应道："说得也是呀！不过，你不会遇到令你心焦的事情吗？"

司机先生接着又说："不幸的事情经常发生，但是我悟出了一个道理，发现情绪暴躁或低落，对自己一点好处也没有，更何况，事情总会出现转机的！"

梅涛听到司机这么一说，便好奇地问道："怎么说呢？"

司机缓缓地回答说："有一天早晨，我照常开车出门，想趁着上班高峰期多拉几个人，多赚点钱，但情况却未如预期般顺利，因为车子没开出多久就爆胎了。当时天气极为寒冷，车子停在路边，我的心情也极为低落。接着，我无奈之下拿出了工具要换轮胎，但是因为天气太冷，外面的风太大，我换轮胎的过程极为不顺利。"

司机故意停顿了一下，便接着说："就在这个时候，有个路过的司机便从卡车上跳下来，一言不发地上前来帮助我，而且完全不必我动手，这位陌生的卡车司机很熟练地就把轮胎换好了。当我向对方表示感谢，想给他一些酬谢时，却见他轻轻地挥了挥手，立即跳上了车就离开了！"

司机笑着说:"因为那个陌生人的帮忙,让我一整天的心情都特好,也让我相信,人不会永远都倒霉的。在轮胎问题解决后,我的心胸也顿时打开了,而好运似乎就跟着进了门,那天早上乘客一个接着一个,生意也比其他人要多出一倍呢!所以,当遇到麻烦,我总是对自己说:不必再心烦了,马上就可能会出现转机的,生活不会永远都停在不如意之中。"

乐观的人从不抱怨,即便他们遇到了不公平、不顺心的事,或是吃了亏,都会微笑着面对。因为乐观的人看到的,往往是事态最积极的一面,不但鼓励了自己更影响了别人。一个快乐的人就是一个用心灵微笑的人,然后微笑才能绽放在他们的嘴角或者脸庞。这个故事也告诉我们,面对人生的不如意,我们只要保持良好的心态,乐观地对待,坏事也有可能变成好事。人活着的目的不是为了忧郁烦闷,而是为了生活得快乐幸福,美好的东西都需要自己努力争取。

总之,生活就像一面镜子,你对它微笑,它就会对你微笑;你对它愁眉苦脸,它也不会让你开心。不管遇到什么挫折与困难,记住不要抱怨,保持一份乐观的心情,就能安然地渡过每一个难关。带着微笑工作,带着微笑生活,积极地调控情绪,保持乐观的心情。只有这样,才能让自己愉快地度过每一天。

珍惜身边的每一分真情,那是上天的赐予

左岸或许是我们无法放下的爱,右岸或许是值得我们去把握的青春年华。有的时候,我们的固执会让我们看不见身边的风景,我们要学会珍惜身边的每一分真情,不要让它成为我们心中的遗憾。

"易求无价宝,难得有情郎"。在我们的人生旅程中,最难得的不是钱财等身

外之物,而是我们每个人都渴盼追求的真情。

"前世五百次的回眸,才换来我们今生的相遇。"我们最难以得到的真情,却是最容易逝去的。我们的一生中会与不同的人相遇相识,当别人将我们尘封已久的心扉开启,我们的感情就丰富起来,我们的生活就会变得多姿多彩。

那么,什么是真情?"情感一点一滴的滋润与回报,良心一丝一缕的清白与坦诚,灵魂一寸一分的纯净与善良。"这些都是真情给我们带来的感受。当真情来临,我们要学会珍惜和欣赏,学会珍藏。

男孩和女孩在同一所学校。一天,女孩收到了一男孩写给她的情书,女孩瞥了一眼信后的署名,说了一句极其伤人的话:"如此不起眼的一个男生凭什么追求我?"那时她有资本,不仅年轻漂亮,并且特别聪明,学习成绩在学校里每次都是第一。女孩在男生的眼里简直就是可望而不可即的!

男孩听到女孩的话后并没有伤心,而是认真说道:"凭爱,爱有公平的权利!"她被他这句话怔住了,看了男孩好半天,然后,漫不经心地甩下一句:"那你就耐心地在后面排队吧!"

元旦,学校组织舞会,学校里的白马王子枫深情地向女孩表白:"我爱你,我想让你伴我一辈子!"女孩被枫折服了。女孩幸福地任她的王子紧紧拥抱着,心甘情愿地被这位王子牵走了那颗骄傲的心。王子出自名门,既聪明又帅气,对她更是痴迷心醉。于是,在众多的追求者中女孩选择了王子。女孩在偶尔间的回眸中,看到了那个男孩,男孩在欢呼的人群中默默地走开了。

白马王子毕业后去了国外,留下的是女孩无尽缠绵的相思。就在女孩依然等着远方看不到的王子时,男孩仍然是执着于他的不离不弃中,他问她:"现在,我在你心中排在第几?"女孩被男孩的爱感动了,她决定嫁给他。

"现在请新人交换戒指。"证婚人拿着话筒中规中矩地主持男孩和女孩的婚礼。就在这时,女孩突然惊慌失措地跑开了。感动并不能代表爱情,女孩觉得自己不能因为感动而步入婚姻,于是女孩离开了。在信中写道:"给我三年的时间。"在以后的三年里女孩依旧活在试着去忘记王子中，在最后的一年，女孩也试着和另一个男孩谈恋爱，有一天这个喝醉酒的男孩居然打了她。于是女孩拼命地朝着车站的方向跑去……她终于想通了，原本如古井般的内心映出了男孩的笑脸。一路上，她不停地对自己说："我要站在他的面前，然后告诉他：我爱你。"女孩心想男孩看到自己时一定会很惊讶，一定笑得无比开心。

男孩开门的时候，女孩看到他的身后站着一个漂亮、清纯的女孩，男孩说："这是我女朋友，她来为我过生日。"女孩的大脑里一片空白，淡淡地笑着对男孩说："我出差路过这里，来看看你……"

男孩送女孩走时，悠悠地说道："你从来都不记得我的生日。"

女孩背过身，眼泪控制不住地涌出来。一个爱了她整整十年的男人的生日，她竟一次也没有记住过。而一直只是在等那个王子，最后，却让自己失去了真爱。

其实，我们的身边不乏故事中的女孩，苦苦追寻自己失去的爱情，抱着回忆不放，而忽视了身边真正爱自己的人。

其实，对于失去的爱，我们没有必要再留恋，并不是谁离开了谁就无法生活。对于遗忘你的人，也不要恋恋不舍，别让爱成为苦果，那样最终伤害的还是自己。

不管爱情是怎样的结局，我们都不要忘了自己还有更长的路要走，还有更深重的责任。爱情会痛，放弃同样也会痛。当昨日的幸福、不能释怀的痛楚在内心的坚忍中淡化成一道痕迹，在柔肠百转之后也许会恍然大悟：原本还有更美好的爱情在身边。

但是，我们身边的真情并不仅仅是爱情，面对亲情和友情我们同样要懂得珍惜，能够在这世间一起走过，同风雨，共甘苦，便是缘分。

她从小生活在单亲家庭，5 岁时父母离异，她跟着母亲过。

母亲视她为生命，中学的时候，离家住校，每天都要给她打几个电话。

"下雨了，带把伞。"下雨的时候。

"天冷了，加件衣服。"天气突变的时候。

"多吃点饭，别光想减肥。"快要吃饭的时候。

她不胜其烦，每一次接电话，都会嚷嚷："妈，我又不是3岁的孩子，我懂得自己照顾自己。"

忽然有一天，母亲的电话没有准时打来，她的心慌了，打家里电话，无人接听，她惊慌失措。后来，阿姨打电话来告诉她，母亲病了，在医院。

母亲患的是绝症，最终离开了她。

有一天下雨时，忘带雨伞的她走在雨中，当冰凉的雨打在她脸上的时候，她一下子想起了母亲，她的眼泪流了下来。那一刻她终于明白，世上最爱她的人已经去了，然而在母亲活着的时候，她不曾珍惜。

父母总是把他们的爱化在琐碎的唠叨里，他们的爱最是平凡，我们也最容易忽视，就像文中的女孩一样，一直不曾珍惜母亲的爱，直到失去了才后悔莫及。

现实生活中，我们很多人都是如此，总是信心满满地以为真情会像太阳一样，每天都会升起，却不知道，有的人有的事，只是在一个回头的瞬间就会与我们失之交臂。

我们的人生旅程中，即使只有一个人关心、牵挂、喜欢、欣赏，我们都是幸运的。也是快乐的，它让我们知道，我们并不孤单。这份情会让你在以后的日子有了更多的幸福和自信，它会变成一盆火，帮我们抵挡人生最漫长的寒冬。所以，我们一定要加倍珍惜、在乎爱你的人，珍惜身边的每一份真情。

世间万物，皆有因果。任何生灵之间仿佛都有着早已注定了的缘分，何时相遇，何时离别，何时重逢，冥冥之中早有安排，我们无法左右。当缘分来临的时候，我们要感谢上天的赐予，我们也要学会珍惜，因为如同阳光一般平凡而宝贵的情感，一旦失去，就再也不会回来了。

感谢折磨你的人就是在感恩命运

生命是一次次的蜕变过程，唯有经历各种各样的折磨，才能拓展生命的厚度。所以，我们要感谢折磨我们的人，因为他们锻炼了我们的毅力；因为他们，我们才能开成一朵不畏风雪的傲霜花。

一个人在生活中难免会受到折磨，面对人生中各种各样的不顺心，我们要保持感恩的态度，因为唯有折磨才能使我们不断地成长。法国启蒙思想家伏尔泰说："人生布满了荆棘，我们晓得的唯一办法是从那些荆棘上面迅速踏过。"人生不是平坦的，生命需要磨炼。

"燧石受到的敲打越厉害，发出的光就越灿烂。"正是这种敲打才使它发出光来，因此，燧石需要感谢那些敲打。所以，我们也要感谢折磨我们的人，是他们教会了我们的成长。

很多事实告诉我们，面对生活的磨难，如果我们心存抱怨，悲观消极地去对待，最终我们只能庸庸碌碌地过完一生，如果我们淡定地看待这些磨难，并时刻对折磨自己的人心存感激，最终我们将会走向成功。不同的心态造就了不同的结果，我们要成为什么样的人，也完全取决于我们对这些折磨我们的人的态度。

成功学大师卡耐基说："一个人在饱受折磨的背后隐藏着未来的成功，折磨也是人生所需要的，它和成功一样有价值。"一位哲人也说过，任何的学习，都比不上一个人在受到屈辱和折磨时学得迅速、深刻和持久，因为它能使人更深入地了解社会，接触社会现实，使个人得到提升与锻炼，从而为自己铺就一条成功之路。"如此说来，当我们在生活中遭受到批评、埋怨时，不但不要消极抱怨，以牙还牙，相反我们还要感激那些折磨我们的人。正是因为他们的存在，才使得我们的生命充满了机遇和挑战，充满了转折和收获。如果你能够以感激的心态去对待那些折磨过你的人，那么，你就不再是一个悲观消极、面对苦难掩面而泣的人，而将成长为一个无往不胜的勇士。

美国独立企业联盟主席杰克·费雷斯，他从13岁开始就在一家私人加油站工作。费雷斯刚开始想学修车，但是店老板只让他在前台接待顾客，打打杂。

老板是个极为苛刻的人，每次都不让小费雷斯闲着。每当有汽车开进来时，都会让他去检查汽车的油量、蓄电池、传动带和水箱等。随后，老板又会让他去帮助顾客擦车身、挡风玻璃上的污渍。有一段时间，每周都有一位老太太开着她的车来清洗和打蜡。这个车的车内踏板凹得很深很难打扫，而且这位老太太极难说话。每次当费雷斯给她把车清洗好后，她都要再仔细检查一遍，让费雷斯重新打扫，直到清除掉车上的每一缕棉绒和灰尘，她才会满意。

终于有一次，小费雷斯忍无可忍，不愿意再侍候她了。店老板却在一旁厉声斥责他说："你不愿干就赶快滚，这个月领不到任何报酬，你自己看着办吧！"小费雷斯心中很是痛苦，回家后就将事情告诉了父亲，父亲却笑着告诉他："好孩子，你要记住，这是你的工作责任，不管顾客与老板说什么，你都要尽力做好你的工作，这会成为你的一笔人生财富。"

在以后的日子中，小费雷斯牢记父亲的话，不管老板与顾客再怎么刁难他，他都会以微笑视之，并努力将事情做好。几年后，费雷斯就凭借自己的各种基本洗车技术以及其在顾客中的良好表现，开起了自己的店面，并最终取得了成功。

其实，费雷斯的成功与他懂得感激那些折磨自己的人有着极大的关系。"吃一堑，长一智"，那些折磨我们的人的百般刁难正是给了我们锻炼的机会，它让我们以后的人生旅途走得更加顺利。所以，我们有什么理由不对他们心存感激呢？学会感谢折磨我们的人，成功就不会与我们失之交臂。

在生活中，我们是否有这样的感受：如果我们有一个很差劲的上司，我们往往会因为他对我们的武断否定而让我们萌生了要去成功的念头;我们会因为别人一个轻蔑的眼神,不经意的嘲笑而奋发向上,做到比他强。从心理学上来说,当我们受到打击超过了我们心灵所能承受的限度的时候,就可以爆发出一种力量,这股力量会驱使我们要向他们证明,我们能够成功,我们可以做出个样子给他们看。这是这种力量会给我们成功的信念和坚持下去的勇气,最终证明自己的价值。

每一次折磨,其实对我们来说都是一种提升,使我们的人生经验更加地丰富。所以,我们要对那些折磨我们的人心存感激,因为他们让你能够时刻检讨自己:哪些地方做得不好,哪些地方需要改进,让自己变得更坚强,更优秀。

如果说,对你好的人是在"帮助你成功",那么,折磨你的人则是在"逼迫你成功"。为此,我们从现在起,就应该时刻对折磨你的人心存感激,它让你能够得到更为迅捷的发展。只有这样,我们才能在折磨中体会到一种幸运和满足,才能使纷繁芜杂的世界才会变得更为鲜活、温馨和动人。

若只剩下一个柠檬,那就做杯柠檬水

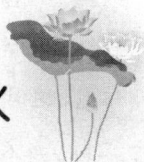

人生如海,潮起潮落,既有春风得意、高潮迭起的快乐,也有万念俱灰、惆怅落寞的凄苦,面对人生的起起落落,我们要有良好的心态,笑看得失,努力做好自己。

生活中,我们总会遇见各种各样的艰难险阻,人的一生不可能永远顺顺利利,在漫漫旅途中,失意并不可怕,受挫也无需忧伤。只要我们心中的信念还在,艰难险阻就是人生对你另一种形式的馈赠,所有的一切都是对你意志的磨砺和考验。

生命是一种心境

歌德夫人说："我之所以高兴，是因为我心中的明灯没有熄灭。道路虽然艰难，但我却不停地去求索我生命中细小的快乐。如果门太矮，我会弯下腰；如果我可以挪开前进路上的绊脚石，我就会去动手挪开；如果石头太重，我可以换条路走。我在每天的生活中都可以找到高兴事儿。信仰使我能够以一种快乐的心态面对事物。"

在这个世界上许多事都是我们无法预料的，是啊，我们不能控制命运，却可以掌握自己；我们无法预知未来，却可以把握现在；我们不知道自己的生命到底有多长，却可以安排当下的生活；我们左右不了变化无常的天气，却可以调整自己的心情。

只要努力活着，就有希望，只要给自己一点希望，我们的人生就一定不会失色。

偏僻的小村庄里住着一对清贫的老夫妇，为了给家中换点更有用的东西，他们把家里唯一值点钱的那匹马拉到集市上去了。

老头儿先用这匹马和别人换了一头母牛，接着又用母牛换了一只山羊，再用山羊换了一只大鹅，又把鹅换成了母鸡，最后用母鸡换了别人的一大袋烂苹果。每一次与他人交换东西时，老头儿总想着能给老伴一个惊喜。

老头儿扛着一大袋子烂苹果踏上了回家的路，途中他觉得累了，便到一家小酒店休息。这时候，他碰见了两个外国人，闲聊中老头把自己赶集的经过详细地说了一遍。两个外国人听后，哈哈大笑，说："等你回家肯定会挨老婆的一顿打。"老头儿坚称绝对不会，外国人不相信，他们用一袋金币打赌。随后，两个外国人跟着老头儿一起回了家。

老太婆看到老头儿回来后非常开心，她饶有兴致地听老头儿讲述赶集的经过。每听老头儿讲到自己用一样东西换了另一样东西的时候，她都没有丝毫抱怨，而是充满了钦佩。

老太婆不时地说着："真好，我们有牛奶喝了！""羊奶也挺好。""鹅毛多漂亮呀！""我们可以每天吃鸡蛋了！"

最后，当她得知老头用母鸡换了一袋开始腐烂的苹果时，也没有恼火，而是开心地说："今天晚上我们就能吃苹果馅饼了！"

故事里的老太婆不知道会让我们当中的多少人汗颜，大多数人在遇见这样的事情的时候，总会选择抱怨，会骂自己的丈夫是多么的没用，可是，这个老人没有，她乐观地面对人生的变化，宽容地对待自己的丈夫，即使最后只剩一袋烂苹果，她也把它做成苹果馅饼，他们的生活依然快乐。

大哲学家尼采说过："受苦的人，没有悲观的权利。"如果一个人把眼光拘泥于挫折的痛感之上，他就很难再抽出身来想一想自己下一步如何努力，最后如何成功。一个拳击运动员说："当你的左眼被打伤时，右眼还得睁得大大的，才能够看清敌人，也才能够有机会还手。如果右眼同时闭上，那么不但右眼也要挨拳，恐怕命都难保！"

拳击就是这样，即使面对对手无比强劲的攻击，你还是得睁大眼睛面对受伤的感觉，如果不是这样的话，一定会失败得更惨。其实人生又何尝不是这样呢？"人生得意须尽欢，莫使金樽空对月。"当你快乐时，你不妨尽情享受快乐，珍惜你所拥有的一切。而当生活的痛苦和不幸降临到你身上时，你也不要怨叹、悲泣。

一个快乐农夫，一天他买下一片农场，随后他觉得非常颓丧。因为那块地坏到他既不能种水果，也不能养猪，能生长的只有白杨树及响尾蛇。

万般无奈下，他决定利用那些响尾蛇。他建了一个供游客参观的蛇园，并且还利用响尾蛇做响尾蛇肉罐头，响尾蛇身上的所有东西一下子在他手上都成了不可多得的宝贝。

之后，他的生意做得非常大。每年来参观他的响尾蛇农场的游客差不多有2万人，由他养的响尾蛇中所取出来的蛇毒，被运送到各大药厂去做蛇毒的血清，而响尾蛇皮也以很高的价钱卖出去做鞋子和皮包。另外，装着响尾蛇肉的罐头被送到全世界各地的顾客手里。

这个故事里编织的快乐的农夫，用快乐筑就了他的响尾蛇乐园。

所以，当人生处于低谷时，要善于运用一切可以利用的条件和命运做斗争，而不屈服于它的摆布，最终生活会给予我们很好的回报。

我们也许一时走不出命运阴霾，但我们可以从中寻找亮色。人生的乐趣就来自于良好的心态，有良好的心态就能沐浴在明媚的阳光里，感受到生活的甜美和丰盈。

我们的幸福，就是眼前所拥有的

有时候，当我们的心再也装不下生活中的琐事时，我们就会忽略身边的人，甚至我们会对他厌烦，但是，等到有一天，我们再也找不到他们了，我们才会发现他们的重要。所以，我们要懂得珍惜，我们要告诉他们，我们的生活里不能没有他们。

在生活的某个阶段，我们的心会被各种各样的坏情绪所包围，我们经常会抱怨孩子的不听话，抱怨父母的不理解，抱怨男友或老公的不体贴。领导埋怨下级工作不得力，下级埋怨上级不够理解，不能发挥自己的才能……

我们的心会莫名其妙地被各种各样的坏情绪所包围，周围的一切让自己觉得不堪忍受，这主要是因为此时的自己只是在意自己没有得到什么好处，却不曾想别人为自己付出了多少。如果一个人不能体会到自己所拥有的，心中只能够容得下私利，那么即使他自己拥有的再多，也一定感受不到幸福和快乐。

传说中有一个人，生前极度热心助人和善良，所以在他死后，就升上天堂成为了天使。当他成为天使以后，仍然会时常到凡间去帮助人，希望能够感受到幸福和快乐的味道。

有一天，天使遇到一个在田中耕田的农夫，农夫在田中耕地很是辛劳，当他举头看到天使,便对他说:"我家的那头水牛刚刚死去了,没有了它,我不知道以后该如何下田作业?"于是天使就赐给他一头健壮的水牛,农夫极为高兴。于是天使在他身上感受到了幸福和快乐。

又过了一天,天使又遇见了一位青年男子,男子的表情也十分地沮丧,便向天使说:"我的钱在做生意的过程中,被人骗光了,现在根本没法回乡了。"于是天使就给他了一些银两做路费,男子十分高兴。天使也同样地在他身上感受到了快乐。

随后,天使又遇到了一位年轻的诗人,诗人英俊、潇洒,而且还有一位温柔的妻子,两个可爱的儿子,但是他每天却愁眉不展,过得十分不快乐。

天使就问他:"你看起来十分不快乐,我能够帮助你吗?"

诗人对天使说道:"我什么都有,但是只欠一件东西,你能够满足我的愿望吗?"

天使回答说:"可以,你缺少什么呢?"

诗人内心充满希望地看着天使说:"我缺少的是快乐!我的儿子太调皮很不听话,天天把我闹得心神不宁;我的妻子尽管温柔,但是她长得丑陋,而且我们没有共同的话题,每天也说不上几句话;我的邻居们天天更是烦人,有事没事都来家里拜访,打扰到了我的生活……我讨厌我周围人的任何举动,所以我感到不快乐!"

这下子可把天使难倒了,天使想了想,说:"我明白了。"然后天使就将诗人周围所有的人的性命都拿走了,只剩诗人孤零零地一个人生活在人间。

一个月后,天使又回到诗人的身边,他那时顿觉凄凉,没有了儿子的欢闹,妻子对他的体贴,邻居时常对他的拜访……他觉得自己活在世界上已经没有任何意义了。正准备要死去的地候,天使又出现了,将他的儿子、妻子和邻居又还给了他。然后,就离去了。

半个月后,天使再去看望诗人,这次,诗人抱着儿子,搂着妻子,不停地向天使道谢,因为他现在得到真正的快乐了。

其实，我们每个人都是生活在快乐、幸福之中的，我们之所以会产生这样那样的抱怨，是因为我们内心被太多的私欲所占有，不懂得惜福，更不懂得去感恩。

如果你能敞开心扉，用心去体会周边的世界，周围人对我们的付出，你就会很容易地发现，需要我们来感恩的事情实在是太多了。如果没有阳光雨露，就没有明亮温馨的日子；没有水源，就不会有生命；没有春夏秋冬的轮回，我们就体会不到生命的生生不息；没有父母，也就不会有我们；没有亲情与爱情，世界就会充满孤寂和凄凉。这些东西都给予了我们无尽的福祉，我们要时时去用心体会自己所拥有的这一切，并常常去感恩。

感恩是一剂能让人心情转好的良药，在很多时候，感恩的心能给人带来一种良好的人生感觉，能使我们感到愉悦和温暖。心存感恩，生活中才会少些怒气和烦恼，心存感恩，心灵才会感到宁静与安详。心存感恩，你才会敬畏地球上所有的生命，珍爱大自然的一切惠赐，才会时时感受生活中多的是"拥有"，而非"缺少"。

惜福是心灵的调味品，它能够让我们珍惜自己当下所拥有的一切，让我们少去攀比，不会放纵自己的欲望，学会知足常乐，让心灵时刻保持淡定和从容。懂得惜福的人知道幸福是来之不易的，又是十分短暂的，所以他们会格外珍惜幸福。有福固然很重要，但如果不懂得爱惜，最后只能是竹篮打水一场空。

因此，我们要懂得去惜福，这样才能以包容的心态去面对周围的人与事，才能真切地感受到生活中的幸福和快乐，才能活得更加洒脱！

有一颗感恩的心,你就能时时触摸幸福

一个人只有心存感恩,才能看到苦难和折磨背后所隐藏的机遇与感动,才能珍视挫折、磨难,才能将之转化为前进的动力,才能使自己在坚强之中收获成功的果实,才能时时触摸幸福。

在生活中,人们总是只看到别人快乐、潇洒的一面,总会将别人如意的地方与自己不如意的地方相比,总觉得自己比别人要过得差,以至于每日郁郁寡欢。实际上大可不必如此,每个人都有痛苦的时候,你之所以痛苦,就是不知道有人比你还要痛苦。

人生活在这个世界上,总会遇到这样或那样的烦心事,这些事也总是在不断地折磨着人的心,使人不得安稳。但是,你要知道,正是这些磨难才使我们的生命变得更为坚强,也正是在与这些困境不断抗争的过程中,我们才体会到了生命的厚度和意义,才使生命更显得丰富和精彩。所以,从一定意义上说,我们还要感谢生命中的这些不幸与磨难,也正是它们,才使我们的生命变得更为坚强,更为有意义。

二战期间,一位名叫伊丽莎白·唐莉的女士,在庆祝盟军在北非获胜的那一天,收到了一封从战争前线发来的一份电报——她的独生子牺牲在了战场上。

儿子是她唯一的亲人,也是她一生的最爱,那是她的命!她无论如何也接受不了这样的事实,她的精神极度处于崩溃的边缘。她开始心灰意冷,痛不欲生,决定放弃工作,远离家乡,找一个无人的地方了却余生。

当她在临行前清理行装的时候,忽然发现了一封还未拆启的信件,那是她儿子在刚刚到达前线后写给她的。她激动地拆开信,看到这样的话:"请妈妈放心，我永远不会忘记你对我的教导。不论我在哪里，也不论遇到怎样的灾难，我们都要勇敢地面对眼前的生活，像真正的男子汉那样，用微笑去承担一切的不幸与痛苦。我将会永远以你为榜样，心中永远地保留着你的微笑。我感谢命运赐给我这样勇敢坚强的母亲。"

她读完信后，顿时热泪盈眶，就将这封信读了一遍又一遍，似乎就发现儿子就在自己的身边，并用那双炽热的眼睛望着她，并关切地问道："亲爱的妈妈，你为何不按照你所教导我的那样去做呢？"

此时，伊丽莎白·唐莉就打消了背井离乡的念头，一再对自己这样说："告别痛苦的手只能由自己来挥动，我应该像儿子所说的那样，用微笑来埋葬痛苦，继续快乐地生活下去！感谢命运曾让我们母子一起走过那么多个岁月，我们曾是多么的幸福。"

后来，伊丽莎白·唐莉就打起精神，开始写作，最终成为一个颇有影响的作家。

在岁月的长河中，我们每个人都会遇到一些令人悲伤失望的事，在这个时候，与其悲伤难过，不如乐观地接受它，并且适应它。这样就可以用自己的积极乐观来湮没那些不幸，最终让这种不幸转变为一种幸运的事情。就像伊丽莎白·唐莉一样，感谢命运给了她"曾经"，于是，她有了活下去的勇气，并且，有了以后的成就。

世界科学巨匠霍金说："我的手还能活动；我的大脑还能思维；我有终生追求的理想；我有爱我和我爱着的亲人与朋友；对了，我还有一颗感恩的心……"

对生活常怀有一颗感恩之心的人，即使遇上再大的灾难，也能熬过去的。命运之神对霍金，在常人看来是苛刻得不能再苛刻了：他口不能说，腿不能站，身不能动。可他仍感到自己很富有：一根能活动的手指，一个能思考的大脑……这些都让他感到满足，他因此对生活充满了感恩心。因而，他的人生是充实而快乐的。与霍金相比，有的人什么也不缺，四肢健全，物质丰裕，可生活给了一点磨难，他就开始怨天尤人了。这样的人没有感恩心，因此只能与快乐失之交臂。

即使再平凡的人,也有他平凡的幸福。

他来自农村,带着妻子孩子来北京讨生活。

他每天在建筑工地上工作,夏天暴晒在烈日下,汗流浃背;冬天在大雪纷飞中忍受严寒。所有的苦他都吃过,但是,为了生活他不得不继续忍受下去。

有一天,他又拖着疲惫的身子回到家中,看到爱人一如既往地在厨房中忙乎着为他做饭、烧水;孩子在屋中快乐地嬉戏,一见到他回家,便都兴奋地扑了上去……这时候,他发觉自己简陋的小屋中竟然充满了别样的温馨。

他慢慢地走进厨房,充满爱意地将妻子抱起来,转上一圈。妻子的体重并不比 50 公斤重的石头轻多少,但是,他的内心却洋溢着幸福的味道。

就这样一个小小的动作,就将他一天的疲惫赶走,再也感觉不到任何劳累了。他不再抱怨生活的不公,因为他有一个勤俭持家的妻子,有天真活泼可爱的孩子,上天其实并没有亏待他,他有别样的幸福。

英国作家萨克雷说:"生活就是一面镜子,你笑,它也笑;你哭,它也哭。"没有名车豪宅,每天在建筑工地上风吹日晒的他因为感恩,而不再抱怨,从而感受到了幸福其实就这么简单。感恩不纯粹是一种心理安慰,也不是对现实的逃避,更不是阿 Q 的"精神胜利法"。

感恩,是一种歌唱生活的方式,它来自对生活的爱与希望。感恩之情是滋润生命的营养素,它使我们的生活充满芳香和阳光。一个不懂得感恩的人,即使家财万贯,仍是个贫穷的人;懂得感恩的人,才是天下最幸福的人。

生命中有太多的东西值得我们感谢,感谢父母给予生命,感谢老师给我们教导,感谢朋友给我们温暖,感谢爱人给我们包容的爱,感谢朝阳给我们希望,感谢黄昏给我们美的享受,感谢每一次花开,感谢每一场甘露,感谢在生命的旅途中有你相伴,感谢我能够存活于这美好的人间,感谢那些对自己吐真言的人,甚至感谢每一次磨难,因为,它使我们更加的坚强。只有我们懂得感恩,才会发现这个世界的美好;只有懂得感恩,才不会错过每一个风景。

活着,便是一种莫大的幸福

人生的悲哀和矛盾,往往就是陷入或悲或喜的泥沼中,无法走出,其实,人生最大的财富就是拥有生命,活着就是莫大的幸福。

每个人从降生的那一刻起,就在与死亡做搏斗。生与死,只是一线之隔,很多时候生命烛光的熄灭容易得就像踩死一只蚂蚁。

对于那些已经逝去的人,我们除了回忆他们的聪明才智与音容笑貌外,更多地只会叹息。死亡有时很容易,仅仅就是几秒钟的事情,如车祸的发生,虽然我们一生都在生与死之间奋斗,可是却失意于几秒钟之间。对于活着的感动,那些经历过生与死考验的人会深有体会。活着就是幸福,活着就有机会。珍惜活着这种权利,尽量减少活着的痛苦。

一个厌倦了生活的平淡,感到一切只是无聊和痛苦的青年。为寻求刺激,参加了挑战极限的活动。

活动规则是:一个人待在山洞里,无光无火亦无粮,每天只供应 5 千克的水,时间为整整 5 个昼夜。

第一天,青年颇觉刺激,在山洞里开怀大笑。

第二天,饥饿、孤独、恐惧一齐袭来,四周漆黑一片,听不到任何声响。于是,他开始向往平时的无忧无虑。朦胧中他想起了乡下的老母亲不远千里的赶来,只为送一坛韭菜花酱以及小孙子的一双虎头鞋;他想起了终日相伴的妻子在寒夜里为自己盖好被子;他想起了宝贝儿子为自己端的第一杯水;他甚至想起了与他发生争执的同事曾经给自己买过的一份工作餐……渐渐地,他后悔平日里对生活的态度来。懒散,敷衍了事,冷漠虚伪,无所作为。

到了第三天，他几乎要饿昏过去。可是一想到人世间的一切美好，便坚持了下来。

第四天……

第五天，他仍然在饥饿，孤独，极大的恐惧中深刻地反思着自己。

他责骂自己竟然忘记了母亲的生日；他遗憾妻子分娩之时未尽照料义务；他后悔听信流言与好友分道扬镳……他这才觉得他需要努力弥补的事情竟是那么多。可是，连他自己也不知道，他能不能挺过最后一关。

此时，泪流满面的他发现：洞门开了，阳光照射进来，白云就在眼前，淡淡的花香，悦耳的鸟鸣……青年扶着石壁蹒跚着走出山洞，脸上浮现出了一丝难得的笑容。此时他觉得福满人间，春暖花开。

这个年轻人在死亡的边缘懂得了生命的珍贵，放下了种种的不满，打开自己的心扉，积极地对待生活中的每一天。我相信，在他以后的人生旅途中，他再也不会让失意和忧伤浪费自己的生命，他会珍惜和家人的每一分每一秒，好好地活着，欣赏生命中的每一次日出和日落。

我们总是这样，从死亡的身边经过以后，才知道活着是怎么回事。

人的一生当中，不仅仅是让生命享受生活中的幸福与快乐，同时也感受生活中的苦与痛。没有苦痛的存在，也就不能真正感受快乐与幸福的那份惬意的微笑；没有快乐与幸福的存在，人生也就永远不明白什么是苦，什么是痛。

苦痛与快乐是相互的，彼此相互点缀与映衬，才让人生充满着无限的魅力与韵味。当我们在某个时候，哀叹人活着很累很苦时，甚至感觉到活着没有意义的时候，其实那时我们的灵魂陷入了某种迷失的困惑境地，让我们的视野过多地只看见生活最灰色的一面，从而让心灵彷徨与无奈。

其实，我们要明白，人的一生最宝贵的是生命，你虽然有了钱，但你买不到健康与生命，所以，我们要感到生命的美好，珍惜自己活着的每一天。

他从小就很懂事，很聪明，所有的人都说他长大都一定会有不小的成就，他也从来没有让大家失望过。

生命是一种心境

从医学院毕业后，分到市级医学院内科工作，他决定好好工作，做出一番成绩。由于有远大的志向和忘我的工作热情，同事叫他"工作狂"。

工作期间，他自学英语，又多次参加学习班和临床进修，英语水平和诊疗技术在该院首屈一指，成为该市最年轻的医学专家。

后来他又出国。回国后已是功成名就，但仍不满现状，下决心要用5年时间，让他所管的大内科从医疗到护理人员都能用英语会话，写病例，开医嘱。就在他利用一切时间实现他的抱负，且初见成效时，年仅四十的他患上了肺癌。

他以顽强的毅力和乐观的心态与病魔做斗争，但他的生命还是没办法把握在自己的手中。在即将告别人世时，他含着泪水说："如果人生可以重来，我一定好好地爱惜自己，我一定会好好地欣赏每一朵花的盛开，此时我才知道，生命原来如此美好，活着是最幸福的事。"

是的，活着，就是最大幸福。然而，当他明白这个道理的时候，生命已经无法逆转，他只能带着他的遗憾离开了人世。

面对生活的琐碎，我们很容易湮没在茫茫的人海中，为我们的碌碌无为而茫然无助，甚至自责，在这个时候，我们应该想想那些躺在墓地里的逝者，还有那些徘徊在生死线上的人们，我们就会庆幸我们的幸运，我们不用整天面对墓地的冰冷和孤寂，面对死亡的忧虑和恐惧。我们还能走动、沉默、追思、悲伤，因为我们还活着，有感觉，会思想。如果我们意识到这一点，便会觉得活着是一种幸福，便会觉得活着的每一分钟都是有意义的，活着的每一秒都是值得庆贺的。因为，在生命之旅中，我们战胜过无数次疾病以及每分钟都可能飞来的横祸，才有平安、健康、幸福的生活，一切得来不易，我们都应该珍惜。

是的，还有什么能比在灾难中保存生命更重要、更美好的呢？还有什么能比活着更快乐、更幸福呢？无论对于自己，还是身边的亲人。

生命是极为美好的，处在平安之中的我们却常常忽略了这一点。而那些真正与死神擦肩而过的人，才能豁然感悟其中的真谛，更为珍惜活着的每一天。

心境

第七辑

什么时候放下，什么时候就没有烦恼

功名富贵放不下，生命就在功名富贵里蹉跎；悲欢离合放不下，生命就在悲欢离合里挣扎；金钱放不下，名位放不下，人情放不下，生命就在金钱、名位、人情里打滚；是非放不下，得失放不下，善恶放不下，生命就在是非、善恶、得失里面，不得安宁。

不要让自己活得太累

在生活中，我们时常会叹息生活太沉重，累得我们疲惫不堪，几乎要迷失方向。有时候还会禁不住地问自己：是自己缺少真正的热情与精力去承受生活，还是生活本身就是如此沉重呢？其实，只要我们学会放下烦恼和琐碎，给自己的心灵放假，一切就会简单，快乐。

在竞争日益激烈的现代社会，人们的生活节奏也越来越快，很多人都被生活中的"日程表"紧紧地束缚着，每天必须要做的事情，占据了我们的生活。而当自己想放松时，又被生活的琐碎所烦扰。于是，很多人觉得自己活得越来越压抑，越来越找寻不到自己心灵的栖息空间。试着给心灵放个假，就成了现代生活的时尚话题。

"习惯促使我们去做所有的日常琐事。而我们总是担心如果不去做，就会失去什么东西。"美国著名作家德莱赛说。其实，也许我们的确会失去什么东西，但是这并没什么不好，我们至少还可以好好地活着。不仅是好好地活着，而是活得更潇洒了，因为我们再也用不着费尽心机，试图去做所有的事情。那些对人类艺术领域作出过卓越贡献的人，如毕加索、凡·高、莫扎特等，这些人都是过着极为简单的生活的。这样才使他们能够全神贯注于自己的领域，从而挖掘到灵魂深处的创造源泉，他们的人生也因此而极为丰富精彩。

爱琳·詹姆丝是美国著名的作家，她的一生都倡导人们要过一种简单的生活，她认为只有简单的生活才能活出自我来。

爱琳·詹姆丝在年轻的时候不仅是个作家，还是一个投资人并兼职于一个地产公司做投资顾问。她在努力奋斗了十几年后，突然有一天，她坐在自己的办公桌前，呆呆地望着这些写满密密麻麻事宜的日程安排表。这时候，她的内心被触动了一下，她意识到自己再也忍受不了这张令人发疯的日程表了。

自己的生活确实太过复杂了，用这么多乱七八糟的事情来将自己清醒的每一分钟都塞得满满的，简直就是对自己的一种折磨，这也是一种极为疯狂愚蠢的生活。也就是在这个时候，她终于作出了一个决定：要开始摒弃那些无谓的忙碌，给自己的心灵放个假。

于是，她就开始着手给自己列出一个清单来，将那些需要从自己的生活中清除的事情都罗列出来。然后，她采取了一系列"大胆"的行动：取消了当日所有的电话预约，并将堆积在办公桌上所有读过或没有读过的报纸和杂志全部都清除掉。她也注销了自己全部的信用卡，为了不让每个月份收到的账单函件打扰自己。

就这样，她通过改变自己的日常生活与工作习惯，使她的房间与庭院的草坪变得更加简约、整洁。原本她每日的清单总共有八十多项内容，经过她的清除后，变为了十多项内容。将自己的日程化繁就简后，爱琳·詹姆丝地得到了许多空闲的时间，心灵也得到了休整，整个人快乐了许多。

爱琳·詹姆丝在自己的作品中说："我们的生活已经太过复杂了。在我们今天这个历史进程中，从来没有像我们今天这个时代拥有如此多的东西。这些年来，我们一直被外在太多的物欲诱导着，我们误以为只要自己努力就一定会拥有一切东西，但是，这些东西事实上却让我们沉溺其中并且心烦意乱，因为它们使我们失去了创造力。与其这样忍受折磨，不如舍弃这些东西，给自己的心灵多腾出时间来休个假，这样才能使我们的创造力永远旺盛。"

在现实生活中，我们也可以像爱琳·詹姆丝这样，在忙碌的时候停下来反思一下自己：每天有多少事情是不得不勉强去做的？追求外在的舒适和烦琐的例行公事是否让你的生活也落入浪费时间、浪费精力的陷阱中呢？

其实，如果我们能及时减少那些程式化的活动，并不会因此而减少让自己心灵获得快乐的机会。这些工作使我们表面看起来是有所追求，是积极向上的，但是仔细分析过之后才突然发现，我们陷入了为忙碌而忙碌的怪圈之中。为了不承担懒惰、消极的恶名，或者为了一些外在的可有可无的消费享受，我们不得不将自己支使得团团转，这实在是一种极为错误的生活状态。

我们时常感觉到生活充满了压抑，除了我们给自己额外增加了一些不必要的工作之外，我们心灵的重负更是让我们活得很累的元凶。很多时候，我们总是活在我们自己给自己套的精神枷锁里，让我们仅有的一点空闲时间都被失意和伤心占据。所以，那些忙碌的人们以及生活中喊"累"的人，是该清醒一下了，只要你能静下心来仔细分析一下，就会发现很多东西是需要我们放下的。摒弃那些多余的东西，才能让自己不迷失方向。

艾玛是一个青年作家，有一次，她应邀去另一个城市参加一个重要会议。

到了那个地方，艾玛被安排在一个没有电梯的宾馆，从一楼到五楼之间上下了六七趟，几趟下来，感觉腿脚发麻、浑身无力。而与她一同参加会议的一位年迈的老太太却大气不喘，精神焕发。

艾玛与老人闲聊后才知晓她已经有七十高龄，是这次会议的特邀嘉宾。这么大的年龄还有这么好的身子骨和精气神实在令艾玛十分佩服，于是向她讨教养生秘诀。

老人说："我的秘诀就是：忧愁穿脑过，梦在心中留。对什么事情都不去苛求，不让自己活得太累。"

在谈到自己的梦想时，老人说，自己在生活中与人无争，于己有求，但不过分苛求。"我根本不想做名人，不想当明星，只想做个有所为又有所不为的文学爱好者。在自己30多岁的时候，当明白自己一生所要的不过是清清淡淡一碗饭后，就主动放下了许多事情，让每天的生活不闲着，也不劳累，早上起来跑跑步，白天读读书，晚上有空写写字，从来都是睡得甜吃得香，从不为什么事情去担忧。"老人说道。然而，正是这种看似平淡的心境，才让她能够沉淀下来，静下心来，为自己创造了极好的创作空间，最后才成为一个了不起的作家。

这位老人的乐观豁达，于己有求，但又不故意苛求，是健康长寿，并且获得成功的重要因素。现实中的我们，不论年轻也好，年老也好，每个人心中都应该有一个照亮心灵的梦想，但是，对于梦想不要去过于苛求，不必为自己制订什么硬指标，比如每月一定要给自己制定完成梦想的具体额度，几年之内要达到什么位置，一生要留下多少财富等等。这样就是对自己的苛求，是与自己过不去，那样的话只会让自己困在劳累和疲惫中。

我们要知道，最终能够攀上珠峰的毕竟是世界上的少数人，只要根据自己的能力，坚守自己的梦想，抱着一种顺其自然的心态去追求，只要付出努力了，就问心无愧，就该知足，而这样的人生恰恰是轻松的、愉快的，也往往是最能出成就的。

忘记痛苦，让心灵享受自由

忘记是抚慰心灵的一味良药，但是忘记也是需要选择的，及时忘记那些让我们不堪重负的伤痛，并及时记住那些生命中的感动和快乐，才能使我们收获到更多的快乐和幸福。

有人说，时间是最好的医生。是的，即使再大的悲伤和痛苦都会随着时间的推移如落叶般凋零。在生活中，如果你总拿过去的伤痛来折磨自己，只会让心灵之船不堪重负，只会让这些痛苦不停地向前延伸，甚至影响到你的未来。岁月流逝，记忆消退，没有什么是不能遗忘的，要避开一切痛楚，享受快乐时光，我们必须学会遗忘，这样才能让自己获得心灵的解脱，才能让自己生活得更为写意和洒脱。拿过去的痛苦来惩罚自己,又何必呢?学会及时忘记过去的伤痛,才能拥有轻松愉快的生活。

有一个人,他总觉得自己的生活很不如意,于是他背着个大包袱找到了上帝。

"上帝啊,我是那样的孤独、痛苦和寂寞,长期的跋涉使我疲惫到了极点;我的鞋子破了,荆棘割破了双脚;手也受伤了,血流不止;嗓子因为长久地呼喊而喑哑……为什么我还不能找到心中的阳光呢?"他问上帝。

上帝笑着问:"你的包裹里装的什么?"

"这里面装的是我每一次跌倒时的痛苦,每一次受伤后的哭泣,每一次孤寂时的烦恼……靠着它们,我才能走到您这儿来,所以,它对我非常的重要。"

上帝听了他的话,带着他来到河边,河水哗哗地流淌着,看起来很深。河边有一个木筏,上帝和他一起乘着木筏过了河。

上岸后,上帝说:"你扛了木筏赶路吧!"

"什么,扛了木筏赶路?"青年很惊诧,"它那么沉,我扛得动吗?"

"孩子,你扛不动它,就不用扛它。"上帝微微一笑,说,"否则,它会变成我们的包袱。痛苦、孤独、寂寞、灾难、眼泪……这些对人生都是有用的,它能使生命得到升华,但如果时刻不忘,就成了人生的包袱。放下它吧!孩子,生命不能太负重。"

青年放下包袱,继续赶路,他发觉自己的步子轻松而愉快。原来,生命是可以不必如此沉重的。

我们很多人都是故事里的那个人,将曾经的经历储存在我们的心灵里,背着他们上路不愿放下,总有一天我们会被它们压垮,再也无法继续我们的人生旅程。

我们的一生中,要经历的事情有很多很多,有成功也有失败,有快乐也有悲伤。一个聪明的人,他们总是忘记那些不快乐的事,而记住的却是那些快乐的事。有一个人总是把快乐刻在石头上,把痛苦写在沙滩上,每一次涨潮或海风过后,他就发现他的痛苦没有了,而现在他所记下的只有快乐,于是,他的生活很轻松愉快。心灵承受不了重负，我们总要有所舍弃，在快乐与痛苦之间，当然快乐是选择。

　　我们知道，一味地活在过去的痛苦中，这对自己并不是什么好事。所以，我们总在对自己说："我要扔掉那些回忆，我要扔掉那些回忆……"其实，那些一再强调已经忘了回忆的人，恰恰却还是活在回忆中。我们要想忘记过去的痛苦回忆，最好的办法，就是投入全新的生活，让时间为自己疗伤，才能摆脱过去的纠缠。

　　小洁失恋了之后，变化很大，以前那个活泼可爱的她不见了，她的笑容也从她的脸上消失了。

　　看见她这个样子，所有的朋友都很着急，于是，经常找她出来一起玩，希望能帮助她走出这份痛苦的回忆。甚至还有朋友给她介绍了新男友，不过她还是拒绝了，总说等一段再看。

　　朋友们知道，小洁还是没忘记过去，于是对她说："小洁，别想以前那个男人了，这世界大得很，比他优秀的人多的是，何苦为他生气！我们不能因为一棵树而失去整片大森林！"

　　小洁却睁大了眼睛，说："你说什么呢？我早就忘记他了，你看，我现在没一点事情！"说完，勉强露出了笑容。然而朋友们知道，其实这是小洁在安慰自己、安慰大家，因为她的笑容，没了当年的那种洒脱。

　　后来，几个朋友坐在一起商量，决定帮小洁走出回忆。一个朋友说："咱们就先给她找个男朋友吧，最好是她不认识的。当然，咱们可以说这是新朋友，然后一点点给他们制造机会。有了新生活，她一点点就会忘记过去的！"

　　这个建议，得到了朋友们的一致认同。于是，他们在一次聚会上找来了一个男孩，并热情地把他介绍给了小洁。一开始，两个人还比较沉默，不过随着渐渐熟悉，加上朋友们的撮合，两个人的交流也多了起来，甚至还互留了电话。

　　看到这个样子，朋友们自然也是非常高兴，于是经常举办这种活动。果然过了三个月，这两个人成了情侣，甜蜜地让大家都有些嫉妒。有一次，一个朋友小心地问小洁:"你前男友怎么样了?"

小洁说:"我怎么知道他怎么样?管他的,我还有我的生活呢!"说完,大家一起全笑了。因为他们看到,当年那个活泼的小洁终于回到了大家眼前。

人的一生中总会遇见各式各样的人,失恋是大家必须经历的人生课堂。我们用真心爱过,在失去的时候当然会痛,但是,生活仍将继续,我们不能沉湎在失恋的痛苦里不能自拔,我们要学会忘记。就像小洁一样,认识新的人,开始新的生活,最终有了新的幸福。

事实告诉我们,我们要想忘记痛苦,开始新生活,摆脱回忆对自己的影响,那么最好的办法就是尽量扩大自己的交友圈,尽量多与人接触,尽量发现自己的爱好,做一些自己喜欢的事情,起到移情的作用。相信未来的某一天,你会发现再想起那些回忆时,你的心已不再疼痛,因为在你的眼中,那些回忆已经成了别人的故事。

亲爱的朋友们,舍掉一些无谓的忧伤与痛苦,让自己的心灵自由,我们会发现,天是那么的蓝,云是那么的白,花儿是那么的漂亮,小草也有它的芬芳。忘记过去的痛苦,会使我们疲惫的神经得到适当的放松,也会使我们乏味的、平淡的生活得到点缀,更会让我们看到生活中最美妙的色彩。

不要总为昨天流泪

泰戈尔说:"如果你为错过太阳而哭泣,你也将错过繁星。"是的,昨天已成过去,不管过去是多么的不堪,我们都应该把它抹去,这样才能欣赏到今天的美景。

漫漫人生路,我们会留下很多记忆,记忆总有美好的一面,同样,它也有让我们不堪回首的一幕。这份刻骨铭心的痛苦回忆，让有的人永远活在过去，无论遇到什么事情都会感到紧张。久而久之，这些人就会困在自己给自己建造的心灵樊笼里，走不出，逃不掉，精神状态越来越差，无论别人有多少欢乐，这些仿佛都与他们无关。他们的生活，就是一个封闭的笼子，每天眼前出现的，只有过去的那些痛苦。

这样的生活状态，怎么可能得到心灵的满足和幸福？所以，有的时候念念不忘并不是什么好事，它只会加速你的情绪失控，让你在过去的阴影中无法自拔。不过，这样的人一定也非常渴望快乐、渴望幸福，那么他就应该积极行动改变自己，从自己造的"囚笼"里挣脱出来。

杰尔德太太有几年非常痛苦，她感到自己的生活太不幸了。

几年前，她的丈夫不幸去世，那个时候的她非常颓废。当安葬完丈夫后，她写信给过去的老板里奥罗西先生，请求他让自己回去做过去的工作，里奥罗西先生同意了她的请求。

于是，杰尔德太太回到了以前工作的地方。她以为，重新工作可以帮助自己从颓丧中解脱，可是，总是一个人驾车、一个人吃饭的生活几乎使她无法忍受。每天，她都会想起自己的丈夫，不由泪流满面。加上有些地方根本就推销不出去书，她的工作也很不顺心，这让她更加怀念丈夫。

杰尔德太太说："那几年，我每天晚上都会想起丈夫去世时的模样，这让我的心里好痛，感觉干什么都没有意义。"

第二年的春天，她来到密苏里州维沙里市推销书。那里的学校很穷，路又很不好走。她一个人又孤独、又沮丧，以至于有一次甚至想自杀。

这一切，都让杰尔德感到未来已经没什么希望，生活也毫无乐趣。她什么都怕：怕付不出分期付款的车钱，怕付不起房租，怕身体搞垮没钱看病。

后来，杰尔德太太看了一篇文章，其中的一句话让她震动颇大："对于一个聪明人来说，每一天都是一个新的生命。"杰尔德太太用打字机把这句话打下来，贴在汽车的挡风玻璃窗上。

渐渐地，杰尔德太太感到，其实每一天的生活并非那么艰难，只要学会忘记过去，那么自己就会轻松得多。每天清晨地都对自己说："今天又是一个新的生命。"

一年后，杰尔德太太已经彻底健康。她说："我现在知道，不论在生活中会遇上什么问题，我都不会再害怕了。我现在知道，我不必活在过去！"

杰尔德太太的经历告诉我们，昨天已成过去，如果我们把昨天的失败与忧伤永远堆在心头，它必将成为今天的障碍，明天的毒瘤。所以，面对过去的伤痛，我们应当做的事情是学会忘记，而不是在嘴里、在心中念念不忘。即使你每天祈祷一百遍，你也不可能回到事故发生之前，做出避免的补救措施。因此，我们必须养成一个良好的习惯，生活在完全独立的今天里。生命正以令人难以置信的速度飞快地溜走，今天才是最值得我们珍视的唯一的时间。过去的阴影，就让它如风一般消散吧！

每个人都一样，心中总有一些事情是很难改变的。不知曾有多少人告诉你应该放弃过去，可是这很难办到。如果不带上你的过去，你甚至不可能心安理得地走向未来。实际上这也是情有可原的事情。我们没有理由把美好的过去忘记，没有办法抹去过去的那一份悲伤。有时候我们有意识地摆脱过去，那是因为过去背叛了我们。这就像是我们很爱过去，但过去并不爱我们一样。

一年前，杰西的祖母去世了。祖母在世时，是最疼爱杰西的人，所以，小家伙很是伤心难过。

因为无法排遣心中的忧伤，杰西每天茶饭不思，更没有心思学习。这种痛苦的状态已经持续了很久，周围的人都说他是个重感情的好孩子，但是他的父母却极为着急，他不肯好好吃饭，已经严重影响了他的健康。他的父母也不知如何安慰他。

有一次，小杰西的外祖父来到他们家，看到杰西的状态，就决定要和他聊聊天。

"你为什么这么伤心呢？"外祖父问他。

"因为祖母永远离开了我，她再也不会回来了。"他回答。

"那你还知道什么永远也不会回来了吗？"外祖父继续问道。

"嗯……不知道。还有什么会永远不会回来的呢？"他答不上来，反问道。

"你所度过的所有的时间，以及时间中的事物，过去了就永远不会回来了。就像你的昨天过去，它就会变成永远的昨天，以后我们也无法再回到昨天弥补什么了；就像你的爸爸以前也和你一样小，如果他在你这么小的时候不愉快地玩耍，不好好学习，牢牢地为未来打好基础，就再也无法回去重新来一回了；也就如今天的太阳即将落下去，如果我们错过了今天的太阳，就再也找不回原来的了……"外祖父回答。

杰西是个十分聪明的孩子，听了外祖父的话后，他每天放学回家就会在家的院子里面看着太阳一寸寸地沉到地平线下面，他知道一天真的就这么过完了，虽然明天还会升起新的太阳，但是永远也不会有今天的太阳了。

于是，他不再沉溺于过去的悲伤之中，而是振作起来，好好学习和生活，认真地把握住自己度过的每一个瞬间。

我们的人生就是一列不断前进的火车，这一站有人下，下一站有人上，总有一些人要离开，我们能做的不是就此停下，不再前进，而是记住他们曾带给我们的温暖，然后再去习惯没有他们的旅程。几米说："生命中，不断有人离开或进入。于是，看见的，看不见了；记住的，遗忘了。生命中不断有得到和失落。于是，看不见的，看见了；遗忘的，记住了。"记忆中掺杂着太多的忽然忘记，忘记中闪烁着永远的记忆，来来去去中，只有时间这样真实地流淌过，经历不会像电影一幕幕重演，辉煌或失败都似曾相识，只有做好自己，做好现在，我们的人生才会活得丰富多采。

在我们的人生旅程中，我们注定要承载苦难，注定在拥有中失去，注定走过昨天。要知道，过去永远不会回来了，回忆过去，只能伤害自己的感情，甚至会害了自己。不要总是希望重温旧梦，不要沉湎在昨天的痛苦中，不然我们就会在泪眼蒙胧中迷失前行的路。因此，我们强调要学会适当地放弃过去，放弃昨天。

烟花易冷，人事易分，那些褪色的约定和承诺，那尘封已久的过往，就像烟花一样，那人、那物、那承诺都已成往事，随风而去，留下的只有绵长的记忆与永流不尽的泪水。其实，快乐并不是拥有更多时才有，而是懂得享受已经拥有的，痛苦是短暂的，快乐是永恒的。为已逝的过往哀悼，只会埋葬自己的青春，阻碍自己前行的脚步。忘记是自由的开始。忘记过去的伤痛今天才会快乐，忘记过去的辉煌今天才会更加积极。有人说："明天不一定会更好，但更好的一定在明天。"把目光放远一点，学会高瞻远瞩，学会放弃昨天，逃离昨天，逃离过往，生命还很漫长，我们没有那么多的眼泪让我们挥霍，所以，我们不要为昨天流泪，好好地欣赏今天的美景。

和过去说再见

昨天已成为过去，明天还没有到来，在自己手中牢牢掌握的只有现在，总记着过去的一切，有限的精力就会被无端浪费。所以，不管过去多么地成功，或者多么地失败，我们都应该跟它说再见。

人生在世，实现自我，取得成功是每个人的目标，学生希望自己金榜题名，商人希望自己名利双收，做官的希望自己平步青云，有了成绩，每个人自然都会感到一种莫名的兴奋，毕竟成功不是每个人都可以拥有的。然而，成功归成功，未来的路我们还要继续前行，过去的已经成为过去，要想取得更大的成功，我们就要学会告别过去的辉煌。

但是大多数的人，却不懂得这个道理，他们骄傲于自己曾经的辉煌，他们活在曾经的那份成功记忆里，以为这份荣耀能够长久保持，却不曾想会在接下来的生活中摔跟头。直到这个时候，他们还在说："我当年如何厉害！"全然用过去的成绩来麻痹今天的失败。

王成是个很有生意头脑的人。大学四年，他通过售卖电话卡、手机卡、图书等等，为自己积攒了一笔不小的财富。

大学毕业后，他没有像其他同学一样出去工作，而是找到了保健品行业的商机，因此自己开了一家公司，生产、销售保健品。

一开始，保健品市场还是巨大的真空，因此王成的生意非常好，很快便做到了行业领先的地位，个人收入达到了数千万之多。此时，他变得兴奋了起来，不断买好车、买别墅……俨然一副"暴发户"的姿态。

事业的成功，让王成没了奋斗的动力。他认为，自己当年能够白手起家获得成功，这就说明自己绝对是商业奇才，自己不想赚钱都难！因此，他不再关注企业的发展，每天就是在各种酒会和活动中穿梭。尤其是别人的恭维，更让他自己觉得："对啊，我那么厉害，能够有几千万的财富，这辈子我还愁什么呢？"

然而，令他意想不到的是，很快金融危机席卷全球，他的公司也不能幸免。此时，他的身价已缩水 1/3 之多。不过，他依旧没有担心，总是想着当年创业能够成功，这次也一定可以度过危机。

两年后，金融危机过去了，保健品行业又出现了新的气象，很多当年的小厂商研制出了新产品，并陆续投放市场，获得了良好的反馈。然而，王成却依旧利用所谓"民间验方"、"宫廷秘方"的保健品抢占市场，结果并没有得到消费者的喜爱。很快，他从成功的顶峰滑下，公司发展也步入了低谷。

看到自己的市场份额越来越小，王成无奈地选择了关门。这个时候，他懊悔，他痛苦，可是一切都已经来不及了。

商场风云，变化莫测，一次成功，并不代表永远成功。如果你因为这次的成功而窃喜，甚至躺在功劳簿上睡大觉，也许你会得到暂时的快乐，但是随着时间的流逝，你会发现，曾经的一切都在渐渐远去，当年的对手早已超越了你。这个时候，那种巨大的落差才会让你感到什么是真正的痛苦。所以，不管你过去的成绩有多大，你也不能因此沾沾自喜，忘了未来的路。

生意场上如此，生活亦不例外。生活是一个万花筒，内容五花八门，谁能奢望一览无余？因此，我们不能活在过去的成败得失中，而是应当以饱满的精神、愉快的心情、坦然的心境致力于今天的事业。社会日新月异地变化，对我们的要求必然也水涨船高，如果我们总是沾沾自喜于过去的劳苦功高，那么未来"痛苦"一词必将成为我们生活的注脚。

过去的成功我们应该忘记，过去的失败我们也应该忘记，如果一个人总活在过去的失败里，他也只会碌碌无为地过完一生。

爱迪生是一个异常勤奋的人，对电器特别感兴趣。自从法拉第发明发电机后，他就决心制造电灯，为人类带来光明。为了发明电灯，他试验了不下上千次，失败了也不止上千次。

一开始，爱迪生遇到的难题是寻找灯丝所用的物质，他先是用碳化物质做试验，失败后又以金属铂与铱高熔点合金做灯丝试验，还做过1600种不同的试验，结果都失败了。

不过，失败并没有让爱迪生放弃希望，他只是忘记了那些"失败"，把那些"失败"丢到脑后，继续进行着自己的实验。后来，他将碳丝装进玻璃泡里，一经试验，效果很好。就这样，世界上第一批碳丝白炽灯问世了。1889年岁末的晚上，爱迪生电力照明公司所在地的那条街道灯火通明，这就是爱迪生的杰作。

虽然电灯发明成功，但是这种电灯依旧有很多毛病，大规模推广的可能性很小，这对爱迪生来说，依旧是一场失败。于是，他再次选择了"忘记"，继续进行钻研。后来有一次，他用碳化竹丝做成一根灯丝，结果比以前做的种种试验都理想，这便是爱迪生最早发明的白炽电灯：竹丝电灯。最后，爱迪生把碳化后的竹丝装进玻璃泡，通上电后，这种竹丝灯泡竟连续不断地亮了1200个小时。

就是为了这看似简单的电灯，爱迪生几乎把自己的精力都投在了试验上，仅植物类的碳化试验就达六千多种。可是，无论多少次失败，他都将失败的阴影抛到了九霄之外，大约经过 5 万次的试验，写成试验笔记 150 多本，方才达到目的。

爱迪生小时候曾被人称作"傻子"，也许正是那份傻气，才让他拥有了"忘记"的本领，最终成为世界闻名的发明大师。所以，忘记失败，这是我们每个奋斗的人都应该学习的必修课。

然而在现实生活中，很多人，在经历了失败后，总是变得毫无勇气，总想起过去的失败，这让自己没了奋斗的精神，没有了前进的动力，这样永远不能看到明天胜利的阳光。

有道是"好事多磨"，其实，失败是一种磨炼的过程，心即使在冰冻三尺之下也不会凉的。而能否忘记失败，则是我们能否重新崛起的关键。

所以，我们不要再哀痛昨天的失败，我们要从每一段错误中汲取教训，让更多宝贵的经验成为向前前进的助力。

不要给自己的人生加行李

我们的人生就像海上飘摇的小舟，生命之舟需要轻载，如果行李太多，它将不堪负重，甚至有翻船的危险。卸下不必要的行李，轻装上阵，我们才能快速、顺利到达成功的彼岸。

我们的一生就如同在海上航行的小舟，我们的生命刚刚诞生的时候，不会说，不会笑，不会跳，不会闹，也不会思考，只是沉睡着，这时我们的生命之舟没有任何的重载，它在时空的长河中默默而又轻松地前行。随着时间的推移，我们慢慢长大，于是，有了痛苦与欢乐、爱与恨、善与恶、得与失、成功与失败、聪明与愚钝、清醒与糊涂、路人与朋友，我们的生命之舟变得充实起来，也变得沉重起来。面对人生的大浪，不堪重负的生命之舟随时有被掀翻的危险，这时的我们必须抛掉烦恼，抛掉失败，抛掉恨……只取我们必要的东西，把不该要的统统搁下，这样才能为生命之舟减负，使它在抵达彼岸时不在中途搁浅或者沉没。

一个人的一生拥有的内容太多太乱，我们的心思太复杂，我们的负荷太沉重，我们的烦恼太无绪，诱惑我们的事物也太多，我们要学会为自己减负，不要让那些纷繁的事情和思绪阻碍我们前行的道路。

很多人都知道，她是一个命苦的人，丈夫早逝，留下她和儿子相依为命，她又当爹又当妈，辛辛苦苦地拉扯儿子。

她希望儿子有出息，以告慰丈夫在天之灵，于是，儿子长大成人后，她又送他送到美国留学。

完成学业后，儿子留在国外上班、赚钱、买房子，也在国外娶妻生子，建立美满家庭和辉煌的事业。

她为此欣慰不已，盘算着退休后，带着退休金前往美国与儿子媳妇一家人团圆。每天早晨可以到公园散步，晚上有儿孙承欢膝下以享受天伦之乐。

于是，她在要退休的时候，给儿子写了一封信，告诉他她就要飞往美国和他们一家团聚。信寄出后，她一面等待儿子的回音，一面打点好一切。

不久，她接到儿子从美国寄来的一封回信。

信一打开，有一张支票掉落下来。她捡起来一看，是一张3万美元的支票。她觉得很奇怪，儿子从来不寄钱给她，而且自己就要到美国去了，怎么还寄支票来？莫非是要给她买机票用的？她心中涌起一丝喜悦，赶紧去读信。

"妈妈！经过我们的商量，还是决定不欢迎你来美国同住。如果你认为你对我有养育之恩，以市价计算，约为2万多美金，现在我添了些，寄上一张3万元美金的支票给你，希望你以后不要再写信来打扰我们。"这是儿子信中的内容。

她老泪纵横,只觉得一生守寡,从此老年凄凉,如风中残烛,她有些难以接受这个事实。一颗心由欣喜的巅峰,坠入了痛苦的谷底。

"难道这就是自己辛辛苦苦养大的儿子。"她不停地问自己。

她心情沉重,几乎难以自拔。一天下来,她就苍老了很多。她望着红彤彤的夕阳,忽然有所觉悟。她想:"自己一生劳碌,没有一天轻松地生活,而退休后,将无事一身轻,何不出去透透气?"

于是,她振作起来,为自己规划一趟环游世界之旅。在旅行中,她见到大地之美,看到各国不同的民情,于是她又寄了一封信给她的儿子。信上写道:"你要我别再写信给你,那么,这封信就当做是以前所写的信的补充文字好了。我接到了你寄来的支票,并用这张支票规划了一次成功的世界之旅。在旅行中,我忽然觉悟。我非常地感谢你,感谢你让我懂得放宽自己的胸襟,让我看到天地之大,自然之美。"

儿子的忘恩负义,的确让人伤心,儿子的行为确实令人发指,但是作为父母,如果看不开,将此事郁结在心中,不但会影响自己的心情,还会直接伤害我们的身体,即使郁郁而终,也只在当时留下一段人间不平事,几年后烟消云散,谁还会去凭吊这段往事?世人本就善于忘记,更何况这是一段毫无意义的往事。所以故事中的这个老妇人,她是聪明的,儿子已经给她的心灵造成了伤害,生命之舟已然负重,又何必和自己过不去,让它更加沉重,那样只会超载,将生命过早地搁浅。于是,她选择了将那些让她感觉沉重的东西抛掉,去过属于自己的生活,结果,反而开始了她人生中最精彩的篇章。

生命中有太多的烦恼,有人为了没有名牌时装而烦恼,可他们不知道,在偏远的山区,有的人一年到头没有一件换洗的衣服,他们依然"日出而作,日落而息",继续他们平淡的生活;有的人因为自己生活太好,身材过胖而烦恼,可他们不知道,在某个寒冷的街角,有的人还不知道下一顿午餐在哪儿,可他们依然对每个路人微笑;有人在为房租太贵而烦恼,可是他们不知道,生活在街头的流浪汉,从来不必为房租问题而烦恼,他们生在街头,也死在街头,然而他们要操心的事情,却是晚上睡觉前能否找到一块砖头当枕头。知道了这些,我们还会为这些生命中可有可无的东西而烦恼吗?

人生如此短暂,我们不要总是在寡情中悲伤,在失意中哀叹,使自己平白地添了许多心事。我们要知道,这些都是过眼云烟,人生是不需要太多行李的,背着超负荷的行李上路,重担压弯了肩膀,使自己透不过气来,在人生的路上不但不能加快步伐,反而会越来越吃力。

王菲的歌里说人生是一个单行道。是的,人生是一个单行道,我们都是背着行李向前走的人,我们永远没有回头的可能,只有朝着前面的路,奋力前行,才不至于辜负了一生。因此每一次背起行李,都要想想自己此行的目的,放弃那些不必要的行李,让自己轻装上阵,并且让自己在每一次到目的地之后卸下行李,这样人生才不至于太沉重和痛苦。

顾虑太多,只会折磨我们自己

生活中有很多人都因太过优柔寡断,而失去很多机会,面对这种失去,我们难免自责。所以,我们在做事情的时候,一定要果断,否则,受折磨的只会是我们自己。

某位哲学家说过:当生活中有一种选择的时候,我们的内心是平静而快乐的,但是可供选择的事物一旦多了起来,生活便多了许多烦恼,而这些烦恼主要源于人们在众多选择面前患得患失的犹豫心理。

其实,有选择就有放弃,虽然放弃是每个人都不愿意做的事情,但是,有的时候,我们毫不犹豫的放弃才会为我们的心灵减压。一个优柔寡断的人是不可能成就大事的,一个人凡事如果考虑得时间太长,顾虑太多,那他必然会让自己背上沉重的心理包袱。

韩佩妮是 A 公司的策划部门的高管,平时工作尽职尽责,能力很强,也有个幸福美满的家庭,如此优越的条件,她的生活本应该很快乐幸福,但事实并非如此。

原来,韩佩妮在各方面都很出色,唯一令她苦恼的就是她本人在做事情前总是顾虑太多,做任何决定前总会犹豫不决,瞻前顾后。有时候,虽然自己下了决定,但心中总是不自觉地会放不下,时常会担心自己的决定是否正确。尽管她的同事都说她在各方面已经考虑得很周全了,但是她仍旧还是害怕自己会出错,害怕出错后被别人嘲笑。

为此,她经常使自己陷入焦虑与苦恼之中,而内心越焦虑越苦恼,在做判断的时候,就越容易出错。

在工作中,一个很简单的策划方案,她也经常会因为犹豫不决,最终错失了方案实施的最佳时机,给公司带来损失。犯了错误后,她又会置自己于痛苦之中,就这样导致恶性循环。一年下来,韩佩妮就被降了职。

一个人考虑得越多,心里的折磨就越大,前进的步伐就越艰难。韩佩妮心理上的包袱产生的原因就是她太过于去在乎别人对她的评价和看法,也就是说,她太在乎一些东西,太害怕失去,所以才患得患失,以致心理上受到了极大的折磨。

其实,要想得到,必然会失去一些东西。别人的眼光根本不重要,关键是自己怎么看自己。所以,不要给自己头上戴上美丽的大帽子,把自己压得喘不过气来。

人在害怕失去的同时,又期望自己什么都能得到,想要这个,想要那个,所以才会痛苦;因为肩上的东西太多,把已经拥有的抓得太紧,所以才会患得患失。如果什么都想要,最后不仅什么都得不到,还会徒增许多痛苦。

在唐朝,有一个非常优秀的弓箭手,他射箭百发百中,从来没有失手过。为此,人们争相传颂他的高超的射技,对他也十分敬佩。

后来,他的美名也传到了当朝皇上的耳朵里。皇上就命人将他请到宫中亲自表演,并对他说:"今天请你来是想请你展示一下你精湛的射技,如果你射中了远处的那个目标,就赐给你万两黄金;如果射不中,就发配你到边疆充军去。"

这位箭手听了皇上的话,一言不发,神色激动。他取出一支箭搭上弓弦,但是心中想着此箭一出就关系着自己的命运呀!再三犹豫,一向镇定的他呼吸变得急促起来,拉弓的手也开始抖起来,犹豫再三,终于,箭离弦而去,最终箭落在离靶心几尺远的地方。

他,脱靶了。这是让人难以置信的问题,但是事实就是如此。

旁边的一位大臣叹道:"看来一个人只有真正地将得失置之度外,才能成为真正的神箭手呀!"

射箭手之所以没能发挥他真正的射箭水平,就是因为他太在乎自己的得失,内心有太多的顾虑,背负如此沉重的心理包袱,失败当然在所难免。

其实,在现实生活中,人类都在犯着与射箭手相同的错误。获得成功的最有力的办法,是迅速做出该怎么做一件事的决定。排除一切干扰因素,一旦做出决定,就不要再继续犹豫不决,以免我们的决定受到影响,因为有的时候犹豫就意味着失去。实际上,一个人如果总是优柔寡断,犹豫不决,或者总在毫无意义地思考自己的选择,一旦有了新的情况就轻易改变自己的决定,这样的人是成就不了任何事的!

可以说,舍弃也是需要胆略和智慧的。只有认准心中的真正目标,勇于将得失置之度外,才能减轻内心的痛苦,也才更容易到达成功的彼岸。

人不能总舔着伤口度日

人无百日好，花无千日红。人的一生不可能总是一帆风顺，经历过的那些苦难和挫折，我们要学会忘记。这样，我们的梦想才不会搁浅，才会拥有今天的幸福。

在冰天雪地中历险的人都知道，凡是在途中说"我撑不下去了，让我躺下来喘口气"的同伴，很快就会死亡，因为当他不再走、不再动时，他的体温就会迅速地降低，很快就会被冻死。

的确如此，在人生的战场上，如果失去了跌倒以后再爬起来的勇气，除去得到彻底的失败，我们还能得到什么呢？所以，我们要不怕失败，走出失败的阴影我们才能收获成功的阳光。

为什么在这个世界上有的人活得很轻松，而有的人却活得很沉重？一切皆因为前者拿得起，放得下，不把伤痛带到以后的日子里；而后者拿得起，却放不下，整天舔着过去的伤痛度日，所以心里沉重。

爱德华是世界著名的企业家，不过在他成名之前，生活却过得非常差。

爱德华生长在贫苦家庭，最初靠卖报为生，后来在杂货店做店员，又在做管理员，尽管工资微薄，他也不敢辞职。

过了 8 年，爱德华才有勇气自己创业，谁知竟然时来运转，借来的 50 美元竟发展到 1 年净赚 2 万美元。但是好景不长，他存钱的银行倒闭了，他不但损失了全部财产，还负债 1.6 万美元。

"那个时候，我吃不下，睡不着，"他说，"并生了一种很怪的病。当然我知道，这个病的病因就是忧郁。终于有一天，我走路时昏倒在路边，从此只能卧床休息，结果全身都烂了，最后连躺着都痛苦不堪。这时医生告诉我，我大约只能活两个星期了。我大为震惊，只得写好遗嘱躺下等死。这样一来，忧虑也就多余了。"

忘了昨天的失败，爱德华竟然放松了下来，闭目休养了好几个星期。虽然他每天睡眠不足两小时，但却很安稳，那些令人疲倦的忧虑渐渐消失了，胃口也渐渐好起来，体重也开始增加。

爱德华说："又过了几星期，我已经可以下地走路了，不过还要借助拐杖。六星期后我又能回去工作了。过去我的年薪曾达2万美元，现在能找到每周30美元的工作就很高兴了。我的工作是推销一种挡板，我不再后悔过去，也不害怕将来，而是将全部时间、精力、热诚都放在推销工作上。"

就这样，爱德华重新站了起来。又经过几年的奋斗，他成了伊文斯工业公司的董事长。从那以后，他的公司长期雄霸纽约股票市场。如果你去格陵兰，很可能会降落在伊文斯机场，这是为纪念他，以他的姓氏而命名的。

我们的一生真的很短暂，我们没有必要让过去的伤痛和失败占用我们今天的时间，爱德华放下了过去的失败，才打败了抑郁症，最终让自己的事业再创辉煌。

放弃其实是为了得到，只要能得到你想得到的，放弃一些对你而言并不重要的东西，又有什么为难的呢？对过去的失败念念不忘是大多数人的毛病，并会因此给自己带来压力、痛苦、焦虑和不安。这些焦虑和不安都是需要我们放弃的，那些懂得放弃，永远向前看的人，才会欣赏到人生的另一番风景。

在事业上如此，在爱情上也是一样，当我们面对一份已经逝去的爱情时，如果那个我们朝思暮想的人已经不再爱我们了，抓在手中又有什么意义呢？一个舔着伤口过日子的人为何不选择另一种新的生活呢？

放弃，并不意味着失去，放弃了旧的东西，才能让新的东西填充未来，人该有对新生活的憧憬以及勇敢地放弃痛苦生活的洒脱。在放弃之后，你可能会发现一身轻松，太阳是新的，外面的世界是新的，那些旧的阴霾都已经消散，迎接你的是美好的明天，我们要知道，只有选择了阳光，我们才会得到阳光。

21岁的时候,林菱遇见了张浩,很快两个人深陷于热恋之中,就这样过了整整6年。

27岁时,林菱和张浩有了体面的工作,两人也到了谈婚论嫁的阶段。然而,令林菱没想到的是,就在准备订婚的几天前,张浩因为嫖娼被抓,这给了她沉重的打击。自然地,林菱选择了分手,她不再给张浩任何解释的机会。

这件事,让林菱对男人失望了,她变得有些封闭,只和家人及闺蜜一起聊天。遇到陌生男性时,她会选择不说话,更多的时候则是一个人走开。看到她这个样子,朋友们也很着急,都想再为她介绍一个男朋友。

可是,林菱每每听到朋友说这些,就会想起张浩的行为,不由感到恶心。因此,无论朋友给她介绍多好的男人,她也绝不会同意交往。

一转眼,又是5年过去了。此时的林菱已经32岁,身边的朋友都有了孩子,自己却依旧孤家寡人,心里不免也有些孤单。后来,她通过朋友和一个名叫赵志的男人接触,虽然那个男人对自己很好,家庭条件也不错,自己也很喜欢,可是她还是顾虑重重,因为她忘不了张浩的背叛。

"林菱,我知道你曾经受到过伤害,可是你答应我好吗?真的,我不是那种人!"赵志说。

"不,你们男的总会花言巧语,我怕又被你们骗了。"

"林菱,我已经多次和你说过了,我真的不是那样的人!为什么你总忘不了过去!"说着,赵志有些生气了。

最终,林菱还是没有接受赵志的求婚。一年后,赵志结婚了;又一年,他的孩子出生了。从朋友那里得知,赵志对自己的妻子非常好,就像宠着公主一般。这个时候,林菱才流下了伤心的泪水。因为她知道,自己其实是很喜欢赵志,她也知道,正是自己对过去放不下,才让赵志成了别人的丈夫。

一个男人的伤害,让林菱记了一辈子,结果把自己的幸福锁在了门外,这未尝不是她的悲哀。如果在赵志求婚的时候,她能只看着眼前的这个男人,忘记过去，那么现在她早就成了妈妈，而不至于还要空守闺房，怨天尤人。

所以说，对于回忆，我们可以偶尔想起，但是一定要把它锁在门外，而不是让它与你平起平坐。放弃，是一种智慧，是一种豁达，它不盲目、不狭隘；放弃，对心境是一种宽松，对心灵是一种滋润，它驱散了乌云，它清扫了心房。有了它，人生才有坦然的心境；有了它，生活才会阳光灿烂。

所以，我们不要总把命运加给我们的一点儿痛苦，在我们有限的生命里拿来反复咀嚼回味，那样将得不偿失，百害无一利；一味地缅怀和沉醉其中，只能使我们意志薄弱。长此以往，必然地导致我们错失时机以至一事无成，如此恶性循环，也必然使得我们的痛苦与日俱增。

抓住痛苦不放，就会丧失快乐的机会

幸福就是让自己拥有一个好心态，擦掉自己的眼泪，忘记过去的伤痛我们才能收获幸福。

有苦有乐才是百味人生，所以说生命有痛苦是正常的，有快乐也是正常的，如果我们紧紧抓住痛苦不放，快乐就永远也不会到来。

执著于过去的伤痛是剥夺我们快乐生活的元凶，所以，面对痛苦，我们要学会放弃，只有放弃，我们才能抓住快乐，让生命重放光彩。我们要做到这一切，就需要我们给自己找一个远离痛苦的理由，以此来安顿我们的心灵。这个理由可以是无意中听到的一句话，也可以是发生在周遭的一件小事，还可以是你对生命的蓦然感悟，总之，就在那灵光一闪的瞬间，我们放下了，我们开辟了人生的另一番新天地。

她的儿子是在一场车祸里丧生的,当她得知这个消息的时候,悲痛欲绝的她完全没办法让自己平静下来。对于死去的儿子,不论她做什么,想什么,那种深痛的感觉就是离不开。渐渐地,她让自己很忙,那样,她便没有多余的心思去思考儿子的死亡,但只要一静下来,甚至只是走路停下来一会儿,那种哀痛就会袭上来,令她无法招架。

后来,她不再逃避,不再没事找事地瞎忙,当丧子之痛又来时,她让它涌上心头,看着悲痛一点一点地走近自己,然后渐渐地消退,虽然想到仍会难过,但却能让自己渐渐平静下来。

最后,她终于战胜了自己,她已经可以不必再抗拒那种情绪,她明白最痛苦的那一刻已经过去了,她还有属于自己的生活。

"我可以再次体会人生的快乐,那些痛苦已不是现在的事了。它只是我人生的一部分,而我人生其他的道路,还可以继续走下去。"这是走出伤痛的她所说的一句话,她的坚强让所有的人都肃然起敬。

我们大多数人在面对痛苦的经历时,都会先震惊,难以接受,接着便是不知所措和难以忍受,而且无法想象以后要怎么办,这时,我们便会想到逃避,就像文中的那位母亲开始那样。但是,庆幸的是,这个母亲是个坚强的母亲,她最终放下了伤痛,于是她以后的生活里不再充满阴霾。

其实放下痛苦就像游泳一样,夏日游泳是一大享受,但是我们在就要跳下水时,通常需要很大的勇气,水的温差会令我们产生抗拒。不过我们会发现一旦跳下水后,我们适应了水的温差,我们就会爱上水中的温度,并且不想离开泳池。这种抗拒和对痛苦的抗拒一样,刚开始是痛苦的,后来,面对它之后,痛苦过去了,快乐便会出现。不断地抗拒只会延长痛苦的时间,而该面对的仍然得面对。如果一味逃避,只会令自己深陷在痛苦中。

在一个家庭舞会里,有许多已婚夫妇,也有不少单身的未婚男女穿梭其间,个个兴高采烈。其中,有位神采奕奕的单身女性,大约六十来岁,也随着音乐怡然自乐。

生命是一种心境

很多人都认为这位上了年纪的单身妇人这一生一定过得很幸福，其实她也曾遭丧夫之痛，但她没有因此一直沉湎在痛苦之中，而是把自己的哀伤抛开，毅然开始自己的新生活，重新开始生命的第二个春天，这是她经过深思之后所做的决定。

以前，丈夫在世时，他是她生活的重心，也是她最为关爱的人，丈夫去世后她也有过伤痛和迷茫，那一段时间，她很难和人群打成一片，或把自己的想法和感觉说出来。因为长久以来，丈夫一直是她的伴侣和精神支柱。她知道自己长得并不出色，又没有万贯家财，因此在那段近乎绝望的日子里，她一再自问：如何才能使别人接纳我、需要我？

她后来找到了自己的答案——我得使自己成为被人接纳的对象，我得把自己奉献给别人，而不是等着别人来给我什么。想清了这一点，她擦干眼泪，换上笑容，开始忙着画画。她也抽时间拜访亲朋好友，尽量制造欢乐的气氛，却绝不久留。许多寂寞孤独的人之所以会如此，是因为他们不了解爱和友谊并非是从天而降的礼物。一个人要想受到他人的欢迎或被人接纳，一定要付出许多努力和代价。她开始成为大家欢迎的对象，不但时常有朋友邀请她吃晚餐，或参加各式各样的聚会，而且她还在社区的会所里举办了画展，给人留下了美好的印象。

后来，她尽可能多地参加聚会，她知道自己必须勇敢地走出痛苦，并把欢乐带给大家。她所到之处都给人留下友善的印象，人人都乐意与她接近。她也终于走出了生活阴影，变成了一个开朗乐观的人，重新拾回了属于她的快乐和幸福。

有的时候我们就是这样，总是抓住痛苦不放，以至于丧失了快乐的机会。事实上，如果我们能够放下痛苦，就能赢得生活的快乐，就像这个单身女人一样，她放下了痛苦，找到了人生的另一个重心，最终，她明白了她存在的价值，她成了最受欢迎的人，也收获了许多快乐。

人生如四季，有温暖的春天，也有酷寒的冬天，无论去哪里，总难免有不愉快的事情，我们不要逃避痛苦的感觉，也不要逃避现在的生活。当痛苦来临时，去感受它；当痛苦渐行渐远时，不要再紧抓住它，让它成为真正的过去，这样才能好好地生活。我们要记住，只要你心中选择了阳光，你就会拥有阳光的灿烂。

记住该记住的，忘记该忘记的

"春有百花秋有月，夏有凉风冬有雪。若无闲事挂心头，便是人间好时节。"往事如风，有的事需要我们忘记，记住该记住的，忘记该忘记的，洒脱人生，心无挂碍，你才会感受到生活的美好。

在我们每个人的记忆长河里，都有一个永恒的话题，那就是自己在小的时候所受的苦楚，在读书时的穷困，因家境不好而受到的冷遇，还有婚姻的挫折，以及亲戚、朋友如何对不起自己……我们为此一直耿耿于怀，因而抑郁寡欢。其实，这都是数十年前的陈年旧账了，我们却为此所困，始终不开心，常年处于负面、阴暗的心态中，严重地损害了自己的身心健康，这样活着的确是一种痛苦！所谓事来则应，事去则净，有的时候我们应该学会淡忘。

淡忘是应该有所选择的，那么，哪些事我们应该淡忘呢？我们应淡忘人生中的挫折与不幸，淡忘名利的得失，淡忘岁月的伤痕，淡忘别人对自己的伤害，淡忘陈腐、过时的观念，淡忘流言蜚语，淡忘冷遇和种种烦恼。这样我们才能摆脱往事的阴影，保持随缘常乐的状态。否则，如果纠缠于昔日的痛苦中，时间长了，定会损害身心健康，导致疾病。一些保健专家们说："半数以上的早老性痴呆和80%左右的恶性肿瘤都与生活中的负性事件及不良信息有关。"因此，我们有必要学会淡忘那些负面事件及不良信息，让自己身心健康。

我们该记住别人对我们的好，该记住"春有百花秋有月，夏有凉风冬有雪"，记住生命中的每个精彩的瞬间,感动我们的每个人、每件事。只有记住了这些快乐,这些感动我们的事,心灵才能有爱,人生才能更加精彩。

人生短暂,何必对过去的痛苦耿耿于怀呢?何必要自己伤害自己呢?对我们最有害的是怀恨、不满和烦恼,如果把怀恨、不满和烦恼融化,甚至可以使癌症痊愈。我们一定要对过去网开一面,宽恕所有的人;而宽恕别人,就是爱护自己,是真正、彻底地爱护自己。要知道,最有力量的是宽恕,是慈悲;最有力量的是"当下",不是过去,也不是将来。

那年,我在上海的一家公司做销售,我们同部门有两个同事经常因为业务问题闹的不可开交,都在心里暗暗斗着。一晃半年过去了,两人的业绩都是全部门数一数二的。两人上班很少说话,也只有遇到公事的时候,才做在一起说说话、谈谈业务。

年底的大选,两人中的一个提升为销售部副经理,另一人这是心里感觉有些虚晃了,他感觉自己的磨难将开始了,在年终的庆功会上,销售部的副经理特地来到以前常和他斗的那位同事面前,对他说,兄弟,虽然我们以前天天都互相较劲,虽然我们天天都在心里斗着,可如果不是你,我永远也不会升级,如果不是你,我可能早就转行了。我只记得你让我充满了斗志,让我充满了奋斗的力量。

其实,只要你静下心来想想,过去的仇恨没有什么大不了,过去的毕竟过去了,再纠结,再痛苦也永远无法挽回了。只有选择及时将其忘记,才能弥补你已经失去的,才会迎来如夏花般绚烂的明天。

要知道,没有谁与谁是天生的仇人,只不过因为某件事情发生了矛盾,发生了些摩擦而已,其实完全可以大度地抛弃这些不值得用生命再去支付的痛苦。否则,只会让自己痛苦一辈子,后悔一辈子,让生命永远得不到解脱。

人生没有彩排,再完美的演出中犹有缺憾。学会努力地忘记一些生命中的人和事, 那些欢快的悲伤的……将所有的记忆都毫不留情地删除或者封印，不去触摸。只有这样才可以让痛苦降到最低。对错怪或伤害过自己的人，我们的心灵不要被仇恨、烦恼所蒙蔽，怒火中烧、烦恼怨恨，都将对自己和他人造成伤害。

"爱是恒久忍耐，又有恩慈。"因此，即使在不如意的环境中，也要努力营造一个充满欢乐与友爱的生活。那么，回想我们所恨的人的一些优点，念及他曾做过的一些好事，而对他拙劣的一面视而不见，如此怒气可能就会缓和下来，烦恼会烟消云散，心中会充满慈悲。

第八辑

没有绝对顺逆的人生，只有不够坦然的心境

"塞翁失马，焉知非福"，任何事物都有两面性。很多时候，我们之所以
会过于沉浸于不幸、挫折和磨难的悲伤中，是因为我们不能够转换自己的
心境，看到事物积极的一面。只要我们学会坦然地面对生命的变幻莫测，
敢于直面惨淡的人生，不放弃、不抛弃，那我们就可以活出全新的自我。

看淡生活中的不平事

世界上没有绝对的公平,当生活让我们哭笑不得的时候,我们也不要怨天尤人,因为生活本就是这样,我们要学会看淡人生的不平事。

我们常说,要快乐地生活就要保持一颗平常心。在波澜不惊的日常生活中,很多人还可能做到这一点。但是当你面对各种利益纷争的时候,还能够保持心平气和吗?付出与回报的天平上总会出现不尽如人意的误差,苦苦的追寻换来的也许只是一身的疲惫,挥洒的汗水也许总是换不来期待中的收获。然而这一切挥之不去的遗憾中,很多都是人生竞技场上必不可少的基石。

世上很难有公平的事,你想事情这样发展,但事情偏偏与你的愿望背道而驰,即使你付出辛苦了,付出努力了,也不一定能获得回报。

在漫漫的人生道路上,每个人都不可避免地会遇到众多的不平之事:成绩不如自己的人却考上了一所好大学,能力不及自己的人却找了个好工作,自己心爱的女孩却突然被另一个人捷足先登了,曾经不屑一顾的同事却成为了自己的上司,好不容易得到了一个发展的机会却被别人用"关系"抢走了,刚刚事业有成了却遇到了各种各样的流言蜚语……诸如此类的事情层出不穷。如果我们不幸遇到了这些麻烦,该以怎样的心态去面对呢?我们唯一能做的就是"淡定"二字。

有一位法师,他在寺院后的山洞里修行10年后才回到寺院里,之后他每天都会在大殿里通宵打坐。

有一天,大殿上功德箱里面的钱突然丢失了,他无疑成为众人怀疑的对象。因为大家都知道他每夜都在大殿内打坐,如果是别的盗贼前来行窃,他应该知晓才是。

但是，当寺院主持当众说这事的时候，他并没有任何的反应，所有人都认为偷功德款的人一定就是他了。所以，全寺中的众僧人以及和尚、居士无不向他投来鄙视的目光。

但是，这个法师处在这种人人怒目相视的环境中，仍然能够心平气和，若无其事。他既没有站出来喊冤叫屈，向众人申明一切，也并没有流露出半点受委屈的情绪，与平常没有两样。每天按时去吃饭、每晚还是照样去大殿打坐。

终于，在七天后，寺中的主持才来揭开了谜底：原来功德款根本没有丢失，这是主持在考验他的，想知道他在山洞中住的 10 年修炼出了什么样的境界。没料到他竟能在遭遇冤枉的情况下，依然不改常态，以一颗平常心去生活，为此，全寺上下无不由衷地对他产生了崇敬。

生活中的事情不是样样都能尽人意的，我们就应该像这位法师那样，心平气和、宠辱不惊，既要看得破，又要忍得过。与其在追求是否公平上耗费大量的精力，不如踏踏实实地把自己的事情做好，这不是任人摆布，更不是逆来顺受，而是一种理智的生活方式。

就如你无缘无故被一只疯狗咬了一口，难道你非要返回来反咬一口疯狗你心里才舒服？道理就是如此。

历史对飞将军李广的评价相当高，唐朝诗人王昌龄曾写诗赞曰："但使龙城飞将在，不教胡马度阴山。"纵然李广战功赫赫，但其至死也没有封侯，唐朝诗人王勃在《滕王阁序》中为李广惋惜"时运不齐，命运多舛。冯唐易老，李广难封。"看来，世人都为李广遭受的不公平待遇而惋惜。而李广自己面对这种不公平，又是什么想法呢？

李广，陇西成纪（今甘肃静宁）人，西汉名将，他身材高大，手臂修长，擅长骑射，打起仗来行踪飘忽不定，行动敏捷，被匈奴人称为"飞将军"。

在做上谷太守时，他每天都跟匈奴人打仗，每次都是身先士卒，异常勇敢，置个人生死于度外,战斗非常勇猛,以力战闻名。典属国公孙昆邪哭着对皇帝说:"靠李广才气,天下无双,自负其能,数与虏敌战,恐亡之。"皇上爱其才,恐亡之,把李广调到上郡做太守。

后来,李广跟随周亚夫在"七国之乱"时平定吴楚联军,立下战功。梁王刘武看上李广之才,私授李广将军印,李广不识时务,竟然接受了。刘武当时很想做皇帝,想等哪天他起兵逼宫时,希望李广能支持他,这一点汉景帝刘启很明白。李广自以为立下战功,梁王授给将军印,这是对他的奖赏,他还要拿回京城炫耀一番。结果李广此举触怒皇帝,未受到丝毫奖赏。李广因此非常不满。

又过了几年,屡建战功的李广数次未能封侯,于是向王朔抱怨道:"自从汉朝北击匈奴以来,我未尝不在其中,然而其他将领都封侯位列三公,然而我却没有封侯,这真是不公啊?"

一直没有封侯的李广在参与卫青大将军的漠北之决战时,他请战当先锋,但卫青了解李广,知道他急于封侯,想最后一搏取得战绩,在他这种急于求胜的情况下,难免会出现失误,所以,卫青很理智地拒绝了李广的请战请求,让其从侧路袭击。于是,李广奉命从侧路进攻,但他带领队伍迷了路,没有及时和卫青主力部队会合,以至让单于逃跑。

发生了这样的事,卫青就责怪了李广几句。李广想到长久以来自己受到的不公待遇,又想到自己此番失利,顿时感到一阵悲凉,然后引刀自刎。李广部下军士大夫一军皆哭。百姓闻之,无论认识与不认识他的,无论老者青年,皆为之流泪。

这个世界的生存法则就不是公平的,大自然里的生物链,它对受到威胁的弱者永远是不公平的,优胜劣汰,没有公平可言。李广在面对人生的不公之时,缺少了达观的心态,致使自己含恨而终。

人类社会里,贫穷、战争、疾病、犯罪等等不平等的现象此起彼伏。公平是神话中的概念,人们每天都过着不公平的生活,快乐或不快乐,是与公平无关的。

这并不是人类的悲哀，只是一种真实情况，过去不曾有过，今后也不会有。面对生活中不公平的人和事，不妨记住冷静、宽容、理智、积极、平和这几个关键词，它们就是我们面对不平事时应该具有的态度。

契诃夫说："要是火柴在你的衣袋中烧起来，那你应该高兴才是，而且要感谢上苍，幸亏自己的衣袋不是火药库；要是你的手指不小心被刺扎了一下，那你也应当高兴，幸亏这根刺不是扎到自己的眼睛里。"这是一种生活的最高境界。

其实，从健康的角度来讲，如果人在不平事面前不能保持心理平衡，也就是对人对事不能做到心平气和，对健康影响极大。《黄帝内经》中说"怒则气上，喜则气缓，悲则气结，惊则气乱，劳则气耗"，所以，百病都是生于气。现代医学也发现，人类的70%~90%疾病与心理有着极大的关系。如果人的心态不好，爱着急、爱生气就容易破坏人体的免疫系统，易患高血压、冠心病、动脉硬化等病症，这样也就意味着人会死得更快。所以，心理平衡对人的身体健康是最为重要的，谁能在不平事面前时刻保持一颗平常心，就等于掌握了健康的金钥匙。

总之，当我们遇到不平之事时，不要事事苛求公平，也不要一味地怨天尤人，自暴自弃也无异于一种慢性自杀。唯一可取的做法就是，调整好自己的心态，改变衡量公平的标准，适应周围的观念与言行，并用极为乐观、积极的心态来生活、工作。既然我们没有能力来改变这些不平事，那就要尽力地调整好自己的心态，对任何事都保持一颗平常心。如此一来，问题就会迎刃而解，种种矛盾与心结也就能自然打开了。

过简单的生活

在色彩斑斓的现代生活中,我们一定要记住一个真理,那就是活得简单才能获得心灵的自由。确实,简单是一种美,是一种朴实且散发着灵魂香味的美。

在生活中,我们时常会叹息生活太沉重,累得我们疲惫不堪,几乎要迷失方向。

回归单纯成了现代绝大多数人心底的呼声,我们常常会听到周围一些人这样规划自己未来的生活:

"将来我退休之后,就要到山林里去隐居。"

"以后,我打算到乡下开个农场,种菜、养鸡,自己养活自己。"

"我向往到处去旅行,过那种无拘无束、无忧无虑的生活。"

……

但是,我们也常常听到人们感叹:"即使是追求这种简单的日子,也好像总是遥不可及。"于是我们禁不住问自己:是自己缺少真正的热情与精力去承受生活,还是生活本身就是如此沉重呢?

一个年轻人觉得生活很沉重,便问智者:生活为何如此沉重?

智者听罢,就随即给他一个篓子,让他背在肩上并指着前面一条沙砾路说:"你每走一步就捡一块石头将之放进去,最后体会会有什么感觉。"

年轻人就背上篓子,一路不停地捡拾,走到路的尽头,他回过头来对智者说:"越来越沉重了!"

智者说:"这也就是你为什么感觉生活越来越沉重的原因。每个人来到这个世界上时,都会背着一个空篓子,然而我们每走一步都要从这世界上捡一样东西放进去，所以才有了越来越累的感觉。"

是的，生活原本是轻松的、简单的、快乐的，不奢求华屋美厦，不垂涎山珍海味，不追求时髦。生就自自然然，清清爽爽，在工作中寻找乐趣，与家人共享天伦的快乐、自由活动的闲暇。我们并不缺少真正的热情与精力去承受生活，而是我们的生活太过于复杂。我们的周围到处都充斥金钱、功名、利益的角逐，处处都充斥着许多新奇和时髦的事物，他们都是我们一路上所捡的沙砾，让我们的生活越来越沉重。

"简单点儿，再简单点儿！奢侈与舒适的生活，实际上妨碍了人类的进步。"这是梭罗的一句感人至深的名言。梭罗同时也发现，当他在生活上的需要简化到最低限度时，生活反而会更加充实，因为他无须为了满足那些不必要的欲望而分散自己的心神。西方国家的许多人，现在倡导过"简单的生活"。他们试着离开汽车、电子产品、时尚圈子，看能不能活得快乐。他们强调简化自己的生活，而非完全抛弃物欲。

有人说："生活大概只有走过的人才知道，所有崇高、伟大、复杂、多变落定之后无他，唯好好过日子而已。在有限的生命里，我们疲于奔命地去吃、穿、玩和享受，也许是该从复杂退回到简单的时候了！"的确如此。简单的生活，真的是最充实、最精彩的。生活在灯红酒绿、推杯换盏、斤斤计较、欲望和诱惑之外，不用挖空心思去依附权势，不必去贪图金钱，用不着留意别人看你的眼神，没有锁链的心灵，快乐而自由，随心所欲，该哭就哭，想笑就笑，简简单单地存在着，多么惬意。

海边一间破陋的房屋里，住着一位老太太和她的老伴，家里只有一个盛鱼的大木盆。他们的日子虽然过得很清贫，但却非常有意义。

每天老头子都会到海里去打些鱼回来，等他们吃过饭后，老头子就会陪她看星星，拉拉家常，平静中有一种和谐的美。然而，这种和谐在不久之后，被一件事而打破了。

有一天，老头子又外出打鱼，打到了一只会说话的小鱼，小鱼为了活命，就答应他帮他实现三个愿望。老头子感到困惑，就把此事告诉了老太太，老太太却为此十分高兴。

老太婆在欲望中沉沦了，她开始苦苦思索，想了好久都不想不起来自己要什么了。后来，她就将自己孤立起来，在孤独中开始追寻，她不知道自己在追寻什么，但是她却不能自拔了，在梦想中她越想越上瘾，她想完了豪宅，又想金屋，想完了金屋想当女王，想完了女王就又想着要去做那些小鱼的掌管者，最终由于太过劳累而死去了。

而直到临终前她也没能想出来，自己想要的究竟是什么！

由此可见，简单的生活能够使人珍视人与人之间的情感，能够体验到生活中真正的幸福、快乐和轻松；而富足奢华的生活带给人的只有劳累与疲惫。所以说，简单的生活更能让人认识到生命的真谛所在。

简单生活不是忙碌的生活，也不是贫乏的生活，它只是一种不让自己迷失的方法，你可以因此抛弃那些纷繁而无意义的生活，全身心投入你的生活，体验生命的激情和至高境界。

既然简单的生活如此精彩，如此能体现生命的价值，那么，生活在现代社会中的我们应如何才能让自己生活变得更为简单呢？

首先，要做的事情就是要知道什么才是自己真正想要的。你可以在你手边备一张便条纸，一支笔，将自己想要的东西、想完成的事情都列出一个清单出来。当达到其中一项目标时，就能产生一种强烈的成就感与满足感；如果条件限制，暂时做不到，那么只要将它继续留在清单上好了。过一段时间，我们可能就会惊奇地发现有的愿望居然自己实现了；而那些我们实现不了的愿望，我们也并不急于去实现它了。

其次，要想过一种简单的生活，就要做到心存简单，不要让心灵背着太多的欲望包袱，不要与其他人进行攀比，不要终日惶惶不安地迷失在自己制造的种种需求中，在物欲的罗网里苦苦挣扎；内心简单了，欲望和追求也自然就会少了。要安于淡泊并远离各种名利和物欲的困扰。不要让内心太多的虚荣不停地抽击生活的陀螺,不要让太多的名利思想去遮住心头的灿烂的阳光。我们还要以积极的心态去对待生活,热爱生活,不要总以消极的眼光去看待生活。要有目的地去生活,保证有充分的时间去做自己想做的事情,尽力不要让时光在繁乱的事情中流走。简单的生活是将生活和现实(有限的收入、时间和精力)与自身的价值相结合,并将它们应用到一种舒适、有效的生活方式之中……

总之,简单的生活也是一种艺术的生活,是一种积极负责的人生态度,只要你肯于听从于你的内心,就能让自己活得简单,不被生活的琐事所缠,这样的生活也是最为精彩的生活!

坐观世间变幻,坦然面对人生

天有不测风云,人有旦夕祸福,面对人生的变幻莫测,我们应该学会从容面对,这样才能使自己的每一天都充实而快乐。

生活中有大起大伏,我们必须学会坦然。只有坦然,我们才能放松心情,才能发现和欣赏生活中的美。心态逐渐平静后,就会感到所有的烦恼正在慢慢地消失,压力也会远离而去。

有一个青年,老觉得自己的生活不是很如意,他听说有一个寺院里住着一位得道高僧,于是,他慕名前来拜访。

年轻人沮丧地对老僧说:"人生总不如意,苟且活着,有什么意思?"

老僧静静听了年轻人的感慨,吩咐小和尚说:"施主远道而来,烧一壶温水送过来。"

一会儿，小和尚送来了温水，老僧抓了茶叶放进杯子，然后用温水沏了，微笑着请年轻人喝茶，杯子冒出微微的水汽，茶叶静静地浮着。

"宝刹怎么用温水泡茶？"青年疑惑不解地问，老僧笑而不语。

青年细品，不由地摇摇头："一点茶香都没有。"

老僧说："这可是名茶铁观音啊。"

青年又端起杯子品尝，然后肯定地说："真的没有一点茶香。"

老僧又吩咐小和尚："再去烧一壶沸水送过来。"

不一会儿，小和尚便提着一壶沸水进来。老僧起身，又取过一个杯子，放茶叶，倒沸水，再放在茶几上。青年俯首看去，茶叶在杯子里上下沉浮，清香不绝，望而生津。青年人欲去端杯，老僧挡开，又提起水壶注入一线沸水，茶叶翻腾得更厉害了，一缕更醇厚更醉人的茶香袅袅升腾，老僧如是注了五次水，杯子终于满了，那绿绿的一杯茶水，端在手上清香扑鼻，入口即沁心脾。

"施主可知道，同是铁观音，为什么茶味迥异？"老僧笑着问。

青年思忖着说："一杯用温水，一杯用沸水，冲沏的水不同。"

老僧点头："用水不同，则茶叶的沉浮就不一样。温水沏茶，茶叶轻浮水上，怎会散发清香？沸水沏茶，反复几次，茶叶沉沉浮浮，最终释放出四季的风韵：既有春的幽静、夏的炽热，又有秋的丰盈和冬的清冽。世间芸芸众生，又何尝不是沉浮的茶叶？那些不经风雨的人，就像温水沏的茶叶，只在生活表面漂浮，根本浸泡不出生命的芳香；而那些栉风沐雨的人，如被沸水冲沏的酽茶，在沧桑岁月里几度沉浮，才有那沁人的清香啊。"

青年听完老僧的话若有所悟，拜别老僧而去。

浮生若茶，我们每个人都是一撮生命的清茶，怎么泡出生命的韵致实在因人而异。命运就是那一壶壶的水，或沸或温，全在我们自己，茶叶并不仅仅因为沉浮才释放了本真的清香，生活的经历就是人生那一脉脉的幽香，激发出的生命浓度就是我们的成长质量！

　　面对生活中的烦恼,我们只要保持坦然平和的心境,我们的心情就不会因变幻而受牵绊。就像美国的罗斯福总统,他的家被人偷去了很多东西,面对朋友的安慰,罗斯福说:"亲爱的朋友,谢谢你来信安慰我,我现在很平安。感谢上帝:因为第一,贼偷去的是我的东西,而没有伤害我的生命;第二,贼只偷去我部分东西,而不是全部;第三,最值得庆幸的是,做贼的是他,而不是我。"对失盗这样一件不幸的事,罗斯福却找出了三条理由,倒像是因祸得福呢。

　　是的,"塞翁失马,焉知非福",有的时候,面对不如意,我们也可以换一种角度来看它们,只要我们不被它们烦扰,种种不如意也会变得如意起来。

　　刚到四月,赤道附近的天气就已经很炎热了。住在这儿的琼斯擦着头上的汗,开始为如何过夏天担忧起来。

　　有一天,他要见一位朋友,开车到了一个加油站加油。加油的间隙,他和加油站老板布鲁克聊了起来。他说:"马上夏天了,这该怎么活啊?"

　　布鲁克大笑着说:"老伙计,你怎么对夏天感到忧愁?你越是害怕炎热,就只会使夏天来得更早,结束得更晚。"

　　"夏天真是该死,又将是3个月的热浪肆虐!"琼斯没有认同布鲁克的说法,他只顾自己说道。

　　"你这样可不好。你应该像迎接一个惊人的喜讯那样对待酷暑的来临,并且告诉自己,千万别错过夏天送给我们的各种最美好的礼物。"布鲁克一边将找的零钱递给琼斯,一边说。

　　琼斯打断了他的话,说:"什么?难道你认为,讨厌的夏天还能给我们带来最美好的礼物?这不可能!"说完他还用力地摇了摇头。

　　布鲁克说:"别急,你听我说。你想想,如果六月的时候,你每天都在清晨5点到6点起床,你会发现,整个天空挂着漂亮的玫瑰红,就像少女羞红的脸;七月的夜晚,满天繁星就像深蓝色的海水;一个人只有在常人无法承受的高温里跳进水里,他才能真正体会到游泳的乐趣!这些,不正是夏天赐给我们的礼物吗?"

布鲁克的话,让琼斯愣住了。的确,这些美丽的风景,那舒适的海水,确实只在夏天才有!一下子,他感到了布鲁克是个很会生活的人。

一转眼,夏天真的到来了。琼斯想起了布鲁克的话,于是就每天早早起床,在凉爽的空气中修剪院子里的草坪与花木;中午,他和孩子们舒舒服服地在家里睡觉;晚上,他和孩子们在院子里踢足球,吃冰淇淋,喝冷饮,真是痛快极了。琼斯这才感觉到,原来夏天一点也不痛苦,反而能给自己带来很多欢乐!

人生正是如此,所有美好的风景,正在我们的身边,关键就在于我们能否坦然面对那些不如意。懂得坦然面对,快乐就不请自来;不懂得坦然,快乐也会离你而去,让你永远生活在不幸之中。

然而在现实生活中,很多人不懂这个道理。他们总是抱怨:"怎么我眼前的都是不幸,幸福在哪里?"其实,不是幸福与你无缘,而是你的贪欲太大,总是吃着碗里的,瞧着锅里的。幸福明明就握在你的手心里,偏偏却不着边际地遐想,心里盘算着可能还会有更好的,于是便放弃了已拥有的幸福,去追寻那些虚无缥缈的美好。如此发展下去,我们总是不能坦然地接受生活中的一切,我们也只能收获苦涩的果实。

所以说,想要找到幸福,那么你就必须有一个好心境,敢于坦然面对生活。只要我们能做到这一点,我们将会得到意想不到的收获!

在我们以后的人生旅途中,总会发生许许多多的变化,有大起也有大落。我们要学会在变化中把握人生,在变迁中体验人生,坦然面对生活的不如意。我们要不断地改变自己的生活目标,调节生活内容,只有这样,生活之舵才不会有所偏移。让自己主动去适应每一次沉浮变幻,坦然面对每一次沉浮带来的得失,未来的生活才有方向,我们才不会错过生命中的每一个风景,才能获得完整的人生体验。

看淡得失,保持平常心

生活中,如果我们对个人的得失看得过重,势必为名利所累,我们便会陷入一张无形的网中,不可自拔,这是我们自己给自己建造的心灵牢狱。所以,我们要学会看淡得失,不以物喜,不以己悲。

"人有悲欢离合,月有阴晴圆缺"。生活是一个大舞台,上面演绎着我们的悲喜人生,有欢乐也有痛苦,有得到也有失去,当我们快乐的时候,不要得意忘形,快乐也许会在下一秒就消失;当我们痛苦的时候,不要低迷消沉,我们要相信明天很快就会来临。

痛苦或者快乐,完全取决于眼界的宽窄和心境的状态。以平常心去生活,时刻保持一份坦然的心境,这就是人生的智慧,也是我们能够获得简单幸福应有的心境。

俗话说人生有百态,的确,人生是复杂的,它有时出人意料又往往峰回路转,有时却又很简单,甚至简单到只是在做一道选择题,取得或者放弃。应该得到的我们完全可以理直气壮地去取得,不该取得的则应当毅然放弃,抱着这样的心境,我们会发现这道题就变得很简单。但是,生活中的我们却是坦然地取得,纠结地放弃,这就是造成我们痛苦的根源。

威尔逊是二战时期的一个军官,在一次战争中左腿受了伤,留下了残疾。不过万幸的是,他依然能够独立行走,同时还能能够享受他最喜欢的运动——游泳。

当威尔逊回到美国后,经过一番治疗,他和妻子来到了夏威夷度假。进行了简单的冲浪运动以后,威尔逊在沙滩上享受日光浴,庆幸自己还有享受生活的权利。

然而没过一会儿，威尔逊发现，周围的人似乎都在打量他，还不时地窃窃私语。威尔逊这才意识到，自己满是伤痕的左腿，它太惹人注意了。

"你看那个人的腿，好像月球表面一样坑坑洼洼！真可怕！"一个人对他的同伴说。

威尔逊听了心里很不是滋味。第二天，妻子要与他再去海滩，这时，威尔逊固执地推辞了。

"我宁愿留在家里，也不想再去海滩！"他说。

"威尔逊，我明白你不去海滩的原因是什么。你开始对你腿上的疤痕产生错觉了。"妻子沉默了许久之后说。

威尔逊点了点头，说："是的，我承认。"

妻子走到他的身边，安慰道："威尔逊，别人怎么看那是他们的事情，可是你要懂得，这些伤痕，正是你勇气的徽章。你在战场上浴血奋战，光荣地赢得了这些疤痕。所以，你不要想办法把它们隐藏起来，你要记住你是怎样得到它们的。你更应该明白，你是国家的英雄，连总统都不介意你的伤，你为什么自己这么纠结？你要骄傲地带着它们，现在走吧——我们一起去游泳。"

听着妻子的话，威尔逊险些流下了眼泪，他想起了战场上的那些日子，想起了阵亡的战友。顿时，他觉得自己坦然了许多，一扫心里的阴影，于是跟妻子一起又去了海边，快乐地享受着温暖的阳光。

面对已经失去的，我们能做的，就是坦然接受。因为，即使我们暴躁地摔东西、指责上天的不公，那也是于事无补，伤痕并不能自动愈合。但是，你的快乐、你的幸福，却并不会因为伤痕而消失，只要你愿意，你随时可以发现，它们就在身边。别人怎么看自己不重要，重要的是自己敢于接受曾经的痛苦，这样你才能重新找到快乐，甚至扭转别人对你的看法。

如果你真的难于走出困境，无法承受那份巨大的心理压力，那么你不妨求助于朋友或心理医师。失意的时候，人最需要的就是开导。朋友、家人和医生温馨的话,会让你平复心海浊浪,淡化你失意的烦恼。不过,别人的开导只是辅助的,真正达到心平气和还需要自己主动进行自我调整。最重要的,还是坦诚面对伤痕,敢于接受曾经的伤痛,这样,生活的阳光才能照进心田。

每个人在一生中不免会遇到伤害,有的是心灵上的,有的则是身体上的。心灵上的伤害,也许随着时间的流逝,我们能够一点点痊愈;然而身体上的创伤,却将会伴随我们终生。正因为如此,有的人会陷于悲伤之中,长久不能走出阴影。

持续的失落,只能让自己的生活更加低迷,同时,那些被伤害的地方,也不会因此而痊愈。所以,面对身上的伤痕,我们必须坦然面对,这样的人生才是精彩的人生。也许你失去了一条腿,但你没有失去活下去的信心,你是精神上的健康者。不要为所失去的而哭泣,不要过分计较人生的得与失,只有这样的人生,才是充实的人生、快乐的人生。

爱迪生是人类伟大的发明家,他的一生中有上千种发明。在他70多岁的时候,一场大火却把他几十年拥有的财产包括房屋烧得一干二净。

在失火的时候,他的儿子四处寻找他的父亲。终于在不远处找到了爱迪生。火光映着爱迪生苍老的脸,他的白发和胡须在火光中随风飘动,他默默地注视着无情的火苗吞噬着自己多年的心血。

他的儿子看到父亲的样子,以为父亲很难过,于是想把他拉开,出人意料的是这时的爱迪生却对他儿子喊道:"快去叫你母亲来观看这罕见的场面吧! 恐怕她以后再也没机会见到这壮观的景象了,让我们的过去都被烧得一点不留吧!真好,让我们有了重新开始的机会。"

听到他的话,儿子才松了一口气,他知道父亲没有被打倒,他会重新开始他新的生活、新的发明。

不负众望,一年后,爱迪生的又一项重要的发明留声机问世了。

面对得失,我们要淡然视之,因为失去的永远不会再回来,得到的也不可能永远是自己的,轻松快乐地生活,努力地为事业奋斗,何乐而不为呢?就像爱迪生那样，面对无情的大火，他没有因此而一蹶不振，所以，他的发明之路才没有因此而中断。

然而，生活中，我们的心中却背负着太多的包袱——金钱、名誉、地位等东西，所以生活得很累，得到的怕失去，没得到的想得到，使自己成为名和利的奴隶，永远无法快乐。

所以，我们只需时时自省，并在自省中提炼出一种"顺其自然"的平常心态。无论面对什么事，都不要过于去计较利害得失，不论事态如何演变，都能平静地对待它。

怎样才能保持一颗平常心呢？首先，我们不要过于执著，因为有了执著，心中就难免会有障碍，有了执著，心中就会有所期待。当期待落空，不免会失望，甚至会恼怒不安，内心就自然无法平静，如果能行善施恩于人，无求回馈，不执于心，心中无施者、受者以及无施物，这种清净便是平常心。其次，我们不要害怕死亡，生老病死是自然规律，人难免会生病，衰老，死亡，面对这些，如果我们能够心无恐惧，安然自在，能有"死是生的开始，生是死的准备；生也未尝生，死也未尝死"的观念，便拥有了一颗平常心。最后，我们要做到不忧虑抱怨，所谓"月无日日圆，人无日日顺"。当我们遇到逆境的时候，要看清忧虑，放下忧虑，并忘记忧虑，不随烦恼而起舞，泰然处之，不为杂念所困，不为顺逆所动，忘掉对手，忘掉胜负，以自然的心态对待，这就是平常心。

总之，只要我们的内心时刻保持"无取、无舍、无骄、无求、无执著"的平和之态，也就拥有了一颗平常心，你就会活得无比的从容和快乐！

走自己的路，让别人说去吧

"走自己的路，让别人说去吧。"但丁的这句名言被许多人当做座右铭，的确，在生活中，我们只有不在意别人的眼光和标准，才能获得自在的人生。

意大利作家但丁说过这样一句话："走自己的路，让别人说去吧。"很多人都明白这个道理，但是能够做到这一点的人是少之又少。

如果有人告诉我们穿的衣服不好看，那么我们就会牢牢地记住，第二天绝不再穿，因为你认同了别人的审美观。别人说你的声音不够甜美，那么你就会很少说话……人们都在不断地追求完美生活，而我们不可能完全脱离别人、脱离社会环境活着。可是，正因为这些，就让别人的议论成了我们生活的风向标。总是记得别人的议论，这是没有主见、不自信的表现，它不但会影响我们的生活、学习，甚至会让我们的心态无法端正，长久活在别人的阴影之中。

一个农夫与他的儿子，共同赶着一头驴到附近的市场去做买卖。没走多远，就看见一群姑娘在路边又说又笑。其中一个姑娘大声对他们喊道："嘿，快瞧，你们见过像他们这样的傻瓜吗?有驴子不骑，宁愿自己走路。"农夫听到这话，心中很是在意，立刻就让儿子骑上了驴，而自己则高兴地在后面跟着走。

一会儿，他们又遇见一群老人正在看着他们，并哀叹道："你们看见了吗?现在的老人可真是可怜。看那个懒惰的孩子，自己只顾骑着驴，却让年老的父亲在地上走路。"农夫听到这话，连忙就让儿子下来，自己又骑上去。

没走多远，他们父子俩又遇上一群妇女和孩子，几位妇女七嘴八舌地说："嘿，你们瞧远处那个狠心的老家伙，他怎么能自己骑着驴，让自己那可怜的孩子跟着在后面走呢？"农夫听罢，又立刻叫儿子上来，与他一同骑在驴背上。

将到市场时，一群城里的人大声叫道："大家来瞧，这头驴多惨啊，竟然驮着两个人，这头驴是他们自己的吗？"另一个人又插嘴道："哦，谁能想到你们这么骑驴，瞧驴都累得气喘吁吁了。"听罢这话，农夫和儿子急忙从驴上跳下来，就用绳子捆上驴的腿，找了一根棍子将这头驴抬起来卖力地向前赶路。

当他们使出了浑身的劲儿，将这头驴抬过闹市入口的小桥上时，又引起了桥头上一群人的哄笑。驴子受了惊吓，挣脱了捆绑绳子撒腿就跑，不想却失足落入河中。农夫当时既懊恼又羞愧，最终空手而归。

其实，很多时候我们会不知不觉的成为这个农夫，我们常常会不自觉地在乎世俗人的眼光，为了使别人的满意，我们可谓费尽心机。我们小心翼翼地关注别人的眼光，猜测别人的想法，猜想别人的评判……并小心翼翼地行事，唯恐别人指责。但是，即便我们这样小心，还会有人不满意，所以我们又开始为此伤神。其实，在很多时候，我们要完成一件事情根本花不了太多的时间，但是由于太在意别人的眼光了，所以将自己搞得身心疲惫。

其实，爱以别人的标准来衡量自己的人，无非是想通过听取别人的意见，来获得更为和谐更为良好的人际关系。但是，你要知道，周围有众多的人，你不可能做到让人人都满意，不可能让每一个人都对你展露笑容。通常的情况是：你顾及到这个人的感受，却有其他人人对你产生不满，甚至根本不领情。每个人的利益是不一致的，每个人的立场，每个人的主观感受也是不同的，所以我们想做到面面俱到，不得罪任何人，又想讨好每一个人，是绝对不可能的！

就像那句老话所说："人非圣贤，孰能无过。"我们都会犯这样那样的错误。如果你还不能理解这个事实的话，请想一想你会怎样对待你的朋友，你会不会因为一件小错就嘲笑他、鄙夷他，乃至抛弃他，恐怕你不会这样做。你更可能去包容他，接受他，帮助他。那么就用这种态度对待你自己吧。你应该相信："即使我有缺点，我会犯错，但并不代表我一无是处。其他人很可能不会对我的错误介意。即使别人对我的错误无法容忍，也不代表我没有任何希望，只是说明我需要改正罢了。"

所以，对于别人的评论，我们应当学会释然。无论是在哪种场合，无论我们是否美若天仙，我们都不必活在矫情之中，活在别人的世界，处处担心别人怎么想自己，看待自己。而应该经常对自己说："哦，没有人注意我，真好！"当你懂得了这种释然，你就会体会到什么才是真实的、无忧无虑的生活。

费曼是美国的科学奇才，他的妻子猫咪性格很开朗，总跟他有玩儿不完的花招，让他们的生活充满情趣，朋友都视他们为典范。

有一次，费曼在普林斯顿，他的妻子给他寄来一盒铅笔，上面还写着金色的字："理查亲亲！我爱你。猫咪。"

费曼感觉很甜蜜，心里流过一阵电流，他非常喜欢这礼物，简直有些爱不释手。但他又想，万一在与人讨论问题或不小心忘在桌子上被人看见，别人会怎么想呢？他们会笑话的，所以他想来想去，最终还是不好意思用这些笔。

那时的美国物资还比较缺乏，不用这些铅笔又会很浪费，于是他最终决定刮掉笔上的字再用。

没过多久，费曼又收到了一封妻子寄来的信，一开头就写着："你把铅笔上的名字刮掉了吗？这算什么？你难道以拥有我的爱为耻吗？"然后是大写字体写着："你管别人怎么想。"

这段话让费曼很受震动，"是啊，我管别人怎么想，生活是自己的，人生也是自己的，干吗活在别人的谈论中啊。"他对自己说。

后来他用"你管别人怎么想"当书名，结合他们的一生经历写成了一本书，记述了他和妻子的感情、生活轶事和他自己在科学上的重大突破。

我们要知道，在我们的人生路上，我们只是别人眼中的一道风景，过了，就会很快的被人忘记。所以，对于某次失败，某次尴尬，完全可以一笑了之，不要过多地纠缠于失落的情绪中，我们的哭泣和解释只能提醒人们重新注意到我们曾经的失败。

如果我们太在意别人的评价，就往往会在别人的逢迎夸奖中迷失自己，更容易在别人的口诛笔伐中溃不成军，我们就很难坚持自己的卓见和判断。更严重的是，太在意别人的目光会让你的心理压力过大。每天面对着千夫所指的压力，你总会害怕别人都在注意自己的缺点或疏忽。这可怕的想法会使得你退缩，失去积极主动的活力，当然也会令你感到更多的压力。

朋友们，你还在总为别人的指指点点而困扰吗？你还在为无聊人的"七嘴八舌"不快乐吗？马上停止吧！记住，了解别人会怎么想是正确的，但如果太在意别人怎么想，就会产生麻烦。我们无法让每个人都满意，那不是你的过错，开心地接受自己，不要对自己那么苛刻。你试图让每一个人都对你满意，那是不可能的，我们需要的是做好自己。

永远都不会所有事都让你如意

我们渴望完美生活，渴望心想事成、无忧无虑，然而，我们也清晰地看到：苦难从来都是存在的，世界上从没有什么绝对完美的生活，永远都不会所有的事都按我们的主观意愿发展。

在我们现实中有不少人，总是在享受生活的同时，却认为生活欺骗了自己，社会埋没了自己，他人辜负了自己。他们总是认为自己的地位还不够高，存款还不够多，成就还不够大，生活还不够美好；也从不懂得珍惜身边所拥有的，从不感谢之前经历的人和事。只是一味地从早到晚悲悲切切、凄凄惨惨，总是抱怨这里不够、那里不足，离完美还有很远的距离，致使生活充满了不如意、不快乐和不幸福。

无论我们是腰缠万贯地活着,还是一贫如洗地活着,经历生活中的喜怒哀乐,这是每个人不变的结局。因为结局已既定,而我们要做的、需做的,是用心感受着生命的每一个片段,并在酸甜苦辣中享受活着的意义,而不是刻意追求完美,让自己陷于纠结不能自拔。

詹姆士是个黑人,从小就过着贫苦的生活。在他看来,那些白人才是完美的,他们高高在上,他们生活惬意,自己正是世界上最不幸的人。于是,詹姆士决心出人头地,他要跟那些鄙视他的人过上一样幸福的生活。从此,他几乎不跟同学们来往,即使同学主动与他打招呼,他也不予理睬。课余时间,他不是在图书馆学习,就是在快餐店打工。

凭着自己的努力,詹姆士靠打工挣的钱读完了中学,并考上了大学,此时,认为自己离完美已经越来越近了。大学毕业后,他在一家大公司找了一份工作,因为他从小就羡慕那些出入写字楼的精英。

谁知,当詹姆士坐进明亮的办公室,他这才发现,其实这样的生活并不快乐。原来精英们也不幸福,因为他们不但要受上司的气,还要受同事的排挤。詹姆士每次看到上司夹着公文包大摇大摆地出入高级餐厅时,他觉得,只有拥有自己的公司,才能获得那份完美的生活。

几年后,詹姆士注册了一家销售公司,又经过几年的努力,他的小公司变成了大公司,拥有了曾经梦寐以求的豪华别墅、高档轿车和巨额银行存款。可是,他所奢望的完美却没有降临。他的下属总是不听话,不但偷懒、工作效率低,还总要求加工资;他的竞争对手心狠手辣,整天想着要挤垮他的公司,让他没有立足之地;更为重要的是,他的太太对他越来越冷漠,因而詹姆士觉得世界上所有的人都比他幸福。

心情的失落,让他也打不起精神,甚至还出了一场车祸。事后,一想到那惊心动魄的一幕,詹姆士就吓得浑身发抖。他突然明白:"简单活着才是最幸福的事情,世界上哪有那么多完美啊!"

通常,我们总是希望自己能拥有更多的快乐而非痛苦,都希望自己拥有财富而非贫穷,都希望自己受过良好的教育而非与大学无缘,都希望自己事业有成而非失业……总之,在我们的眼中,只有得到完美,自己才能感受到生活的快乐。

然而事实上,当我们拥有了这些,我们又会发现:完美离我们越来越远。我们依旧不快乐,因为我们领悟不到幸福的真谛。幸福是非物质的,而且是非常简单的,也最容易感受到的。事实上,只要活着,就是幸福,就是接近完美的最佳状态。因为活着,才能感知,才能体会,才能悲喜交加。

在生活中,并非每个人都是幸运的,也并非每个人的每个愿意都能得到满足,得到了这样的还想要那样的,但如果命中无此福,我们又何必去苦苦苛求呢?要知道外表再好也不过是一身"臭皮囊",老了还是长满皱纹;财富也再多不过是身外之物,死了空剩躯壳。所以,所以我们要爱护自己的内心世界,不要因为苛求得到太多而故意去折磨自己的心灵。

很久以前,有一个小岛上住着一个渔夫和他的妻子,他们每天靠在海里捕鱼维持生计,他们最大的愿望就是能够在小岛上建一座房子,那样的话涨潮的时候就不用在他们的破船里担惊受怕了。

有一天,渔夫像往常一样出海打鱼,没想到的是,他从海里捞到一颗晶莹剔透的大珍珠,爱不释手。"把它卖了,我们就有钱建房子了。"渔夫想。

回到家,他迫不及待地把珍珠拿给妻子看,妻子也很高兴,在灯光的照射下,渔夫发现珍珠上面有个小黑点,"美珠有瑕。"渔夫说。

"将小黑点去掉,珍珠才会变成无价之宝。"妻子说。

夫妻俩最后商定将珍珠上的黑点剥掉,然后卖个大价钱。

于是,渔夫开始剥珍珠,他剥掉一层,黑点仍在;再剥一层,黑点还在;一层层地剥到最后,黑点是没有了,然而珍珠也不复存在了。

渔夫和妻子面面相觑,但悔之晚矣。他们只好继续过着担惊受怕的生活。

渔夫夫妇想得到的是美的极致，达到他们满意的标准，可是在他们消除了所谓的不足时，本属于他们的幸福生活也消失在他们追求过于完美的过程中了。有黑点的珍珠不过是白璧微瑕，正是其浑然天成、不着雕痕的可贵之处，如同"清水出芙蓉，天然去雕饰"，美得自然，美得朴实，美得真切。美真正的价值往往不在于它的完整，而在于那一点点的残缺，就如同缺失双臂的维纳斯，它能给人以无限的遐思，美丽也就在这样一种遗憾和遐想中成为极致。

同样，我们生活在这个世界上，我们永远不可能心想事成，幸福和快乐也不是刻意去追求才能得到的，它其实就在我们的周围，在我们的内心深处，只有随性而为，不要苛求，我们才能够感受得到。

随性而为是顺从于心灵的一种简单的、自由的生活，心里想怎么样，就怎么样去做，就像小草自然地发芽、生长一样；就像小鸟在天空中自由地飞翔一样，不用受尘世的任何束缚和约束。不必为了得到别人的赞美而去故意做作，不必为了满足内心的物欲而给自己的心灵套上枷锁，不必为了显示自己的威严而在孩子面前故作严肃、深沉……它是一种完全根据本我的需求去支配自己行为的一种生活方式。

缺陷并不可怕，完美也没有十分。面对不足，采取泰然处之、宽容的态度，生活中便会少一份烦恼，多一片笑声。有些人面对自己的不如意，或是面对不是自己设想的事情，就失去了控制力，放弃了一切。追求完美没有错，可怕的是追而不得后的自卑与堕落。即使缺陷再大的人也有其闪光点，正如再完美的人也有缺陷一样。能够充分发挥自己的长处，照样可以赢得精彩人生。

抱怨不会让困境发生丝毫改变

真正在困境中的人是没有机会抱怨的。纵使抱怨也不会让困境发生任何改变。从困境里怎样走出倒是个迷人的话题，谈人生说社会仿佛都离不开这个话题。

生活中，我们总会遇到各种不如意的事情，例如身体的残疾、被小人陷害等等，这些都是我们无法掌控的。正因为如此，有的人遭遇这些时，就会抱怨命运的不公，从而永远生活在痛苦之中。

的确，表面上看，我们似乎真的很倒霉，所有不幸的事情都被自己赶上了。可是，即便我们终日痛苦，终日抱怨，这又能有什么改变呢？时间依旧不断地流逝，生活依旧按着正常的步伐前行，只有我们，主动成了被抛弃的人。

所以，想要活得幸福，想要得到快乐，那么就应该坦然面对生活的不公。要知道，这个世界上没有所谓的公平，那些达官贵人，同样有自己的不如意。懂得坦然面对，放松一点，把那些沉重的枷锁暂且放下来吧！

1929 年，迪伊·霍克出生在美国的犹他州。他是个叛逆的小孩，厌倦学校和教会带给自己的束缚，拒不接受传统思想里的不合理部分。

14 岁时，他想出去工作，于是他逃出学校的樊篱。可年龄不够成了他实现理想的第一道障碍，这时，他没有轻易退缩，宣称自己满 16 岁，"成功"地混进了一家罐头厂干起了倒污水的工作。

36 岁那年，他有了 3 个孩子，生活十分窘迫，走投无路的他不得已去了美国国家商业银行，当了一名实习生，干的也只是打杂的工作，经常被各部任人差遣和使唤。

这样的生活,他熬了 16 年,受尽了磨难,却没实现自己的梦想。

1967 年,他已经 43 岁,可就在这时,他的人生出现了第一次转机,不按常规出牌的他取得了信用卡业务的初步成功。1991 年他入选"企业名人堂",成为享此殊荣的 30 位在世者的其中一位,并于 1992 年,被美国《金钱》杂志评为"过去 25 年间最能改变人们生活方式的八大人物"之一。他的名字也成了一个不朽的传奇。

迪伊·霍克的故事告诉我们,生活中的有些苦难是自己无论如何也不能避免的,它只是命运中随机的历程。这些过错并不在我们自身,所以与其抱怨命运不公,倒不如坦然面对。

当你能够坦然面对这些后,你会发现,原来心理的纠结不过是个幻象,只要你想打破它,那么人生中的一切波折都不是任何问题。只要你能走出这一步,你就会感到:其实生活没有你想象的那么糟,如果没了眼睛,还有耳朵,并且听力异常出众;如果丧失了双腿,但还有双手,它是那么灵巧;如果丢了工作,但从此不必总是忙碌,可以享受家庭的温馨!即使死神要拿走我的生命,我也无怨无悔,这就是生活的意义!有了这样的心态,那么无论生活多么不公平,你还有什么好忧愁的呢?

就要到春节了,小陈辛辛苦苦地赶出了一批货,交给了一个不是很熟悉的客户。然而,交货之后却等不到客户将货款电汇回来。在焦急之中,小陈等了整整两个星期,终于忍耐不住,亲自搭乘夜班火车,赶到了那个客户的公司。

等了几个小时后,客户终于来到了公司。小陈用尽一切办法,终于在两个小时之后,收到了那笔十万元的货款。小陈拿着客户开出来的现金支票,火速赶到承兑银行,希望能够立刻换得现款,准备过年应急之用。

谁知就在这时,一盆冷水浇在了小陈的头上。当小陈将支票交给银行柜台小姐时,对方却告诉他,这个账号的户头已经有很长一段时间没有往来资金了。而且,这个账号内的存款也不足,他的支票根本无法兑现。

听到这里,小陈顿时恍然大悟:原来这是那个差劲的客户故意习难他的小动作。想到这里,小陈勃然大怒,嘴里抱怨个不停,沮丧地想冲回客户的公司,和他大吵一架。

不过,小陈做事一向小心谨慎,在离开之前,他说明了自己如今窘迫的状况,并询问柜台小姐,他的支票是因对方存款不足而遭到退票的,究竟差了多少钱?由于他的态度殷切诚恳,柜台小姐也热心地帮助他查询。得到的结果是,户头内只剩下 9.9 万元,与他的支票金额差了 1000 元钱。

果然如小陈所料,原来,这个客户从心底里就没准备把钱全部给自己。就在他不知所措之时,他转念想到了一个好办法,于是灵机一动,很快地从身上掏出1000 元钞票,央求柜台小姐帮他存入那个客户的账号里,补足支票面额 10 万元,再将那张支票兑现。就这样,他顺利地领到了钱。

生活中,凡是有心刁难你的人,总会在你前进的路上设下种种障碍。在他们的心里,最高兴的事情莫过于你无法顺利排除障碍,从而变得暴跳如雷。因为他们明白,一味抱怨的人,是永远不可能获得成功的。

抱怨是阻碍我们获得幸福的最大障碍,生活中的我们也一样,不要去抱怨生活,下岗了不必烦恼,再找一条出路,这说不定就可以让你结束打工生涯,走上创业之路;有病了不要伤心,乐观面对,心情好了,病痛自然也就能减轻;没有钱是吧,有双手吧,有大脑吧,有这两样东西,你还怕什么?烦恼只会让你更添情愁,伤心只会让你更加劳累,害怕只会让你走入失败。

上天既然给了我们生命,我们就应该活出它的价值,在物欲横流的现代社会中,不抱怨、乐观的生活态度是一种心境,一种精神,一种至高的生存追求。不抱怨,才能使我们放宽心思,才能欣赏到生命的真正精彩的部分,才能活出真色彩。

既要承受痛苦，也要享受生活

生活对于我们每个人来说都是公平的，你所应承受的痛苦与他人也无太大差别。当我们遭遇悲惨的命运时，我们应懂得乐在其中，懂得享受生活带给你的磨难，而不是一味地伤心难过。

遭遇痛苦人生，每个人的表现不同，有时候，有些人承受痛苦的能力远远超出了我们的想象。人总是在承受痛苦时，才会明确地认识到自己的坚强和坚韧。

人生没有过不去的坎。

有一个穷困潦倒的美国年轻人，他从小就有一个梦想，那就是做演员、拍电影、当明星。

即使身上全部的钱加起来都不够买一件像样的西服的时候，他仍毫不动摇地坚持着心中的梦想。

那个时候，好莱坞有 500 家电影公司，于是，他根据自己的路线与排列好的名单顺序，带着自己写好、为自己量身订做的剧本前去一一拜访。

第一遍下来，500 家电影公司没有一家愿意聘用他，他失败得很彻底。

面对着所有人的否定，这位年轻人没有灰心，从最后一家被拒绝的电影公司出来之后，他又从第一家开始，继续他的第二轮拜访。

在第二轮的拜访中，他仍遭到了 500 次的拒绝。

第三轮的拜访结果仍与第二次相同。这位年轻人咬牙开始了他的第四次行动。当他拜访完第 349 家后，第 350 家电影公司的老板破天荒地答应他留下剧本先看一看。

几天后，年轻人获得通知，请他前去详细商谈。

在这次商谈中，这家公司决定投资开拍这部电影，并请这位年轻人担任男主角。

年轻人承受住了一次又一次的打击，终于让自己的梦想开了花。

这个世界上没有永远的失败，也没有什么永远的痛苦，这个年轻人，承受住了痛苦，最终取得了成功。试想，如果他没有勇气面对一次又一次的否定，从此在失败和痛苦中度日，他能实现他的梦想吗？答案可想而知。挫折只是暂时的，真正的幸福来得绝不会一帆风顺，当我们咬咬牙挺过去，这时我们才会发现生活的美好。

人非草木，孰能无情，生活中有很多意外，它们带给我们的痛苦是无法想象的。比如说，亲人的突然离去，恋人的无情抛弃等等，这些都会使我们悲痛欲绝，我们的天空阴云密布，脸上写满痛苦和忧伤，当时的我们不会想到微笑还会与我们结缘。但是，生活仍将继续，随着时间的推移，我们会走出失去亲人的阴影，重新让我们的世界充满阳光。我们都会因为迷醉于一段虚拟的感情而痛苦不已：为每天的不能相见而懊恼，夜夜的相思在啮噬自己的灵肉。可当一切灰飞烟灭时，才明白痛苦并不会永远地围绕着自己，我们也会忘记那个把自己伤害得体无完肤的人，和另外一个人厮守一生。

所以，我们要时时想着：我还活着，这是多么幸福的事！既然活着，最重要的是寻找到那片代表生命的绿洲，然后选一个高高的枝头站在那里展望人生，忘却生命中的痛苦与不幸，孕育美妙的歌喉来博得世界的欢乐与掌声。乐观的态度是孤独沙漠中的驼铃，是清澈溪水中的一条游动的鱼，是嘈杂乱世中一处安静的避所。它教会我们在痛苦中享受生活，在浩瀚无垠的生命长河中体味生命的真谛。

伟大的思想家马克思和他的妻子燕妮可谓是一对患难夫妻，他们十分相爱，但命运往往喜欢刁难他们。

马克思的政治生涯是很坎坷的，在马克思被排挤的灰色时期，他们一家人生活得非常清苦。

在寒冷的冬日夜晚，他们一家人挤在一张狭小的床上，每天，他们只能靠甘薯充饥。因为没有邮费，马克思写好的论文无法寄往城市；因为没有钱，他们的孩子不得不退学，最后，孩子还因为没有钱治病而死在家中，甚至，燕妮与马克思连埋葬孩子的钱都没有。

可就是在这种痛苦的环境下，燕妮说，她最快乐最幸福的时候，就是在灯光下为马克思整理潦草的笔记。

不可否认，命运带给燕妮的是痛苦的生活，但是，她却在痛苦中体味到了世间的疾苦。燕妮是个懂得享受生活的人，就因为她品尝过生活里的疼痛与苦难，她才懂得了生命的真谛，才能在这样恶劣的环境下仍能体会到幸福与快乐。

在我们的人生中，最大的敌人不是竞争对手，不是挫折，而正是我们自己。为什么这么说，因为，许多人不懂得享受生活，在痛苦和压力面前不会放松心态，让自己永远活在压力的控制下，永远感受不到什么是快乐。

人生在世，谁都不可能时刻处在幸福状态，痛苦有时总会从某个角落钻出来。我们不能陷入痛苦的泥潭中不能自拔，从此自甘堕落，遇到所有问题都是在惶恐中度过。然而事实上，我们明白，其实所谓的"痛苦"，都是自找的。比如我们丢失了一张信用卡，明知事情已经发生，却不想着及时解决，却要对此唉声叹气。

时光如梭，生命在悄然逝去。每个人的人生都会经历这样或者那样的痛苦，但请相信，痛苦并不是永恒的，请相信，经过我们的不断努力、奋斗，终有一天快乐也会找上门来的。

世间最大的悲伤之源就是"看不开"

人世间,所有的痛苦源自心中的执念,舍不得放弃就会增加心灵的重负,如果我们过于纠结其中,我们就会感到痛苦,从而体会不到生活的乐趣。

一个人如果死缠住一个问题不放,他的心中就会产生一种执念,这种执念促使他舍不得放弃过去的,舍不得放弃失去的,舍不得放弃远去的,久久地沉浸于其中而无法摆脱,正是这种看不开造成了人生的悲伤,看不开是人生的悲伤之源。世间最大的苦是自己想不开,让自己的心受苦,我们要能转苦为乐,不要把芝麻绿豆般的小事放在心中,从而自讨苦吃,才能时时自在。

所以,我们要学会将自己的心灵放开,人想开的时候,心灵之门是敞开的,什么都看清了,就不怕了,人的恐惧都来自看不清。想开了,恐惧没有了,心情就好了,一好百好,人逢喜事精神爽。在想开的时候,人的目光是盯着光明的地方,生命处于一种开放状态、旺盛状态、我们所看到的一切皆是美景。

但是,我们有的时候会有"一朝被蛇咬,十年怕井绳"的思想,我们吃了一次亏,就觉得这个世界上充满了黑暗,我们的心灵之门也关上了,于是,一切都看不清了。因为看不清而充满了一种戒备、焦虑的心理,心情当然不会好。如果换一个角度思考问题,则完全会是两种结局,两种心境。所以,当你遇到困难与挫折甚至遭遇严重打击的时候,不要钻牛角尖,不妨换个角度思考,劝解自己看开一些,也许生活中就没有过不去的坎了。

有一位有名的作家,每天都觉得自己活得很累,总静不下心来去进行创作,他的心里很痛苦。于是,他就向一位智者求教。

作家问道:"我不明白,为什么在成功后觉得自己越来越忙碌,越来越觉得心累呢?"

智者问道:"你每天都在忙些什么呢?"

作家回答:"我一天到晚都在忙着应酬,到处做演讲,接受各种媒体的采访……这些事情使我心情烦躁,写作已经成为了我的一种负担。我觉得自己太辛苦了,心也很累。"

智者转身打开身后的衣柜,对作家说:"在这一生中,我收藏了许多漂亮的衣物,你试着将它们穿上,就能知道自己为什么会感到心累了。"

作家疑惑地说:"我身上穿有衣服,你的这些衣服未必适合我呀!如果我将这些衣物都穿在身上,一定会沉重,会难受的。"

智者回答:"你也明白其中的道理,又为何要来问我呢?"

作家感到莫名其妙,就又随口问道:"您所说的话,我有点不太明白,您能说得更明确一点吗?"

智者答道:"你身上的衣服已经足够,倘若让你穿上更多漂亮的衣服,你会觉得沉重无比。你只是一个作家,为何要去做一些交际家、演讲家要做的事情呢?这不是自讨苦吃吗?"

作家顿悟道:每个人都能追求只属于自己的东西,做一些自己应该做的事情,这样才能得到轻松和快乐啊!

从此以后,作家就辞去了不必要的职务,推却了不必要的应酬,潜心写作,并最终达到了人生创作的高峰,并且再也没有感到过疲惫和烦躁,生活变得轻松和快乐了许多。

生活中,每个人都有自己的追求和欲望,从辩证的角度看,有欲望有追求并非完全是一件坏事,因为欲望和追求可以激发人的潜能,能够推动我们不停地向前行。但是,欲望如火,可以取暖,亦可以毁人,我们一定要掌握好理智与欲望之间的平衡关系,而不要让欲望成为我们内心的负担。要知道,在很多时候你所追求的东西不一定是自己真正能够得到的东西，也不一定是自己心灵深处所真正需要的东西，如果自己盲目地去追求，必然会被其所累。

今日的执著，终会造成明日的后悔。如果你执著于错误的东西，内心将无法得到长久的平静，也无法获得长久的快乐。

有一天，寺院里来了一个新和尚，主持与他对坐。

大师问："听说你从前的师父在大悟时说了一首偈语，你还记得吗？"

"当然记得，"徒弟很自信地说，"我有明珠一颗，久被尘劳关锁；一朝尘尽光生，照破山河万朵。"徒弟流畅地背出，不免有些得意。

没有想到的是，主持听了，大笑数声，一言不发地走了。

和尚不明白主持为什么大笑，心里非常愁闷，一连几天都思索着主持的笑，"难道是自己在哪出错了？可是我并没有出错啊。"他自问自答，但怎么也想不出令主持大笑的原因。

终于有一天，他忍不住了，去请教主持那天听后为何发笑。

主持笑得更厉害了，对着一脸愁容的和尚说："唉，看来你的心中依然有执念，因为别人的笑而愁苦，一切源自你看不开，其实，笑骂随他去，你就不会如此痛苦。"

和尚听了，豁然开悟。

在日常生活中，这种事情也很常见，在很多时候，我们自己并不觉得自己有错误，却因为别人的一言一行而苦恼。别人的一个眼神、一句笑谈、一个动作都会让我们心不自安，许多莫名的压力毫不客气地向我们袭来，使得我们茶饭不思，睡不安枕，扰乱了我们的正常生活。一切皆因为我们看不开，我们想要自己在别人心中有一个完美的形象，其实，放下这些虚无的东西，我们才会活得自在。

放下才会幸福，放下并不是放下手中的物品，需要放下的是我们的一颗心。换言之，也就是说，如果我们想得开，心灵平稳扎实了，才能安闲优雅，才会感到生活的幸福、生命的美好。一千个人眼中有一千个哈姆雷特，一千个人眼中有一千种幸福，但心灵平静、心无挂碍的那种轻灵的感觉应该是一种公认的幸福。

凡事看得开，懂得放下是一种大智慧。在很多事情上，我们应该知道适可而止，量力而行，把那些高不可攀的目标及时丢弃，这种丢弃并不是畏难，并不是缩头缩尾，而是务实地寻找更为切合自己实际的目标。当我们把那些好高骛远的目标抛弃以后，我们会切实地感受到心灵的轻松和幸福，这是为我们更好地前行所准备的最好的礼物。在物欲面前，我们一定要时时提醒自己，要勇于放下，别老是贪得无厌，因为欲望是个无底洞，放不下的后果只会使自己的生活、身心备受煎熬。

走出灰色地带，生命会更精彩

"金无足赤，人无完人"，形形色色的世界有着形形色色的人，当我们的人生处于灰色地带，请相信我们的生命旅程会因此而更加精彩！

灰色地带，是人生的特殊境地，有先天的，有后来的。

在生活中，你是否会因为自己比别人矮而自卑？你是否为自己缺乏健美的身材而耿耿于怀？你还在因为自己某方面的缺憾而自怨自艾吗？……如果是的话，马上改变你的想法。因为每个人都是不尽完美的，有缺陷没什么可怕，可怕的是我们的消极观念。只有乐观地面对，才能将缺憾变成我们奋斗的动力，才能收获快乐的阳光。

许多身体有缺陷的人，面对世俗的偏见表现出一副灰心丧气的样子来，他们的热情与欲望总被有意无意地压制封杀，倘若不能得到及时的疏导与激励，将会丧失信心和勇气。

莉莉是一个又矮又瘦的小女孩,而且,她永远穿着一件又灰又旧又不合身的衣服,于是在每次歌唱比赛中,她都习惯性地被老师所遗忘。

莉莉躲在公园里伤心地流泪。她想:我为什么不能去唱歌呢?难道我真的唱得很难听?想着想着,小女孩就低声地唱了起来,她唱了一支又一支,直到唱累了为止。

"唱得真好!"这时,一个声音响起来,"谢谢你,小姑娘,你让我度过了一个愉快的下午。"莉莉惊呆了。

说话的是个满头白发的老人,他说完后就走了。

第二天,莉莉又去了公园,那老人还坐在原来的位置上,满脸慈祥地看着她微笑。

于是莉莉唱起来,老人聚精会神地听着,一副陶醉的样子。最后他感谢莉莉带给他的快乐。

于是,莉莉和老人之间渐渐形成了一种默契,莉莉用心地唱,老人用心地听。

许多年过去了,莉莉长大成人,美丽窈窕的她成了本城有名的歌手。但她忘不了公园靠椅上那个慈祥的老人。于是她特意回公园找那老人,但那儿只有一张小小的孤独的靠椅。老人早就去世了。

"他是个聋人,都失聪了 20 年了。"一个知情人告诉她。莉莉的心里,涌过一股暖流,她没有想到的是那个用心聆听,帮她走出阴影的老人竟然一直都没听到过她的歌声,可是,她却成就了她现在的辉煌。

一个处在灰色人生地带的老人,却把另一个年轻人从她的灰色地带中牵引出来了,成就了她的人生。就是这个故事告诉我们的。"他是个聋人,都失聪了 20 年了。"就是这样的人却在女孩身边坐着听她唱歌,给她安慰和鼓励,使她扬起了她人生的风帆。

处在的灰色地带并不可怕,真正可怕的灰色地带其实就在人们的心灵深处。可见,激励在人生的道路上起着何等重要的作用了。其实,每一个人都需要他人的鼓励,特别是处在灰暗的人生时刻,也许一句鼓励的话语就能成就他人的人生。

小富兰克林·罗斯福天生口吃,说话断断续续而且含糊不清,而且天生容易紧张,每当有人与他说话,他总是表现出极为惊恐表情,而且全身会不时地发抖。

如他一样年龄的小朋友如果遇到这种情形,肯定会拒绝各种活动,可能也会离群索居,不会与别他人交往,只会顾影自怜,唉声叹气。然而,小罗斯福却并没有这样做,虽然天生容易紧张,但是他能够积极地面对人群,即便是同伴们嘲笑他,他也不以为然。每次在紧张时,会坚定地对自己说:"只要我用力地咬紧牙关,努力不颤动,不久我就能克服紧张的情绪了!"

小小年纪的罗斯福,每天总能够坚定地告诉自己说:"这些缺陷算不了什么,咬咬牙努力克服,就能收获生命的精彩!"每当看到其他的小朋友活力十足地参与各种公共活动时,他都要强迫自己参加。当恐惧产生时,他都会对自己说:"我一定能行!"渐渐地,他克服了自己的这些生理缺陷,并且凭着对自己的自信与这种奋斗精神,他最终成为美国第32任总统。

对此,他说:"交朋友是一件极为快乐的事情,只要我用快乐的态度与人交往,即便本身的外在形貌再差,人们也仍然会愿意与我交往的。因为每个人都喜欢快乐,不是吗?"

面对生理上的缺陷,罗斯福并没有陷入悲伤之中,而是将之转化为生命前进的动力,最终收获了成功和快乐的阳光。所以,我们不要因为身上的缺陷而自暴自弃、悲观厌世,因为除了你自己,没有人会刻意注意你的缺陷,只要让心中充满自信,一样能够获得精神上的自由与快乐。

其实,面对各种各样的人生缺憾,我们能做的,只有坦然接受。别人怎么看自己不重要,重要的是自己敢于接受并正确面对这个事实,然后去做弥补的尝试,这样就会有所转机。一个能动于生活的人总是在给自己找寻着机遇,在心的灵动的过程中,一切的不可能就变得皆有可能了。

如果真的难以走出困境，那么不妨求助于朋友或心理医师。失意时候，人最需要的就是开导。朋友、家人温馨的话，会让你平复心海浊浪，淡化心中的烦恼。不过，别人的开导只是辅助的，而我们过多地依赖反而会使内心更加苍凉，要真正达到心平气和还需要我们进行自我调整。等还原到心平气和状态，心灵才会真正有所作为，人生也就从此更有价值，这一点往往是最重要的。

很温柔地面对自己的灵魂，就像待情人那样，因为我们每个人都是因细腻地活在灵魂里才有了生命途程的。这样一来，我们就会感觉到：人生的灰色地带其实真的并不算什么的。

笑看天下几多愁

将生活中的挫折和困难视为游戏，不是为了游戏人生，而是为了以积极的心态面对现实，从而克服困难。笑看忧愁，笑看人生，如此而已！

在生活中，面对同样的事，为什么有的人很快乐，而有的人却充满烦恼呢？这主要是由人的内心决定的。哲学家说："你的快乐与你的悲伤都是由心而生的，它不会受外界的任何影响！"同样的事物，由于人的心态不同，其结果也是不同的。

我们从小就学会了做游戏，游戏本身，就是在不断战胜挫折与失败中获取一种刺激与欢乐；假如没有挫折与失败，再好的游戏也会索然无味。人生就如一场游戏，我们作为其中的玩家，真的能像对待游戏一样对待人生吗？

人们玩游戏，是为了娱乐，是带着一份闲适的消遣心情去面对游戏中的困难与挫折的，面对强大的对手，不断地损伤受挫，但越是如此，越会兴头十足。

生活毕竟是严肃的、公正的,能以这么一种游戏心态对待生活的人那是很罕见的,这是需要一种很超然的人生态度与生活理念来支撑的。

古希腊神话中,科林斯国王西绪弗斯因为得罪了宙斯,死后被打入地狱受惩罚。从此,他遭受永无止境的苦役——将一块块巨大的石头从奥林匹斯山下徒步推到山顶,但当巨石被推到山顶的时候,它又会自动地滚落到山下,如此,周而复始。这就意味着西绪弗斯永远也不能完成这份任务,永远都要单调地重复着令他十分苦恼的劳役。

突然有一天,西绪弗斯正全力以赴地做着这项工作,并全神贯注地观察自己的每一个动作时,他忽然间发现,自己搬动巨石的每一个动作是那么优美、那么和谐,于是,他就满意地欣赏并专注地观察着自己全力以赴中的每个动作,他的内心盈满了尊贵、满足与快乐感觉。从此,他内心所有的苦恼、疲惫、绝望统统消失得无影无踪……

西绪弗斯全身心地欣赏且享受着这份苦役,于是,他不再抱怨和焦虑了。正在他欣赏自己每一个动作的美感时,奇迹便在他身上发生了,诅咒在一刹那间解除,巨石也不再滚回山下,西绪弗斯也从永无止境的苦役中获得了自由。

神话就是以诅咒设置人生命运的,磨难是他必受的命运捉弄。磨难的动机就是为了让他受苦,那么当他把苦转化成了乐趣时,苦难也就失去了存在价值。事实上,这是一个灵魂对另一个灵魂的械斗过程。咒是什么?咒就是权威力不可抗拒的力量;解咒就是内心不受诅咒的折磨。西绪弗斯的命运于是出现了转机。这不是一种人文情怀和忧伤,而是岁月流给我们的文化密码。

西绪弗斯做的是同样的事情,但是由于心态不同,所取得的结果也是不同的。当他将推石的动作当做是一种苦投,心中就充满了烦恼、痛苦和绝望;当他将推石的动作当做是一种优美的动作时,心中便充满了满足与快乐,最终也获得了自由。

由此可见,任何的烦恼和快乐都是由你的内心决定的,你用如果你用悲观的心态看待事物,最终得到的也只是烦恼和痛苦;而你用乐观的心态看待事物,就能够得到快乐和满足。

年迈的约翰·艾弗里有两个可爱的儿子，大儿子杰西平时就十分悲观，总是很沮丧的样子；二儿子亚德却十分积极乐观，每天都乐呵呵的。所以，约翰·艾弗里平时为了能让杰西快乐起来，就对他十分偏爱。

在圣诞节来临前，约翰·艾弗里分别送给他们两个人完全不同的礼物，在夜里悄悄地把这礼物挂在圣诞树上。第二天早晨，哥俩儿都起来了，想看看圣诞老人给自己的究竟是什么礼物。哥哥杰西的礼物很多，有一把气枪，有一双羊皮手套，还有一辆崭新的自行车和一个漂亮的足球。哥哥将自己的礼物一件一件地取下来，但是他内心却并不高兴，反而忧心忡忡的。

父亲见状，就问他："这些礼物你都不喜欢吗？"杰西拿起气枪说："看吧，如果我拿这支气枪出去玩，说不定会打碎邻居家的玻璃窗，这样一定会招来一顿责骂。这一双羊皮手套很暖和，但是说不定我戴着出去会挂到树枝上，这样一定会生出许多烦恼；还有，这辆自行车，我骑出去倒是能玩得高兴，但说不定会撞到树干上，会因此而受伤。而这颗足球，我终究是要把它踢爆的。"父亲听到此，没有说话就出去了。

刚出门就看到他的小儿子亚德除了收到一个纸包外，什么也没有，但是，当他把纸包打开后，不禁哈哈大笑起来，一边笑，一边在屋子里到处寻找着什么。父亲问他："你为什么这样高兴？"他说："我的圣诞礼物是一包马粪，咱们家一定会有一匹小马驹就在我们家里。"最后，亚德果然在家里的屋后找到了一匹小马驹，很是兴奋地跳起来。随后，父亲也跟着笑起来："真是一个快乐的圣诞节啊！"

父亲给孩子礼物是为了丰富孩子们的生活的，不同的孩子表现则完全不同。不是孩子的资质原因，而是孩子对于生活的期望内容里怀有各自的担忧。大儿子让担忧扼杀了生活的本来内容，他虽然拥有那么多的玩具，也只是摆设而已；小儿子虽然只有一个马粪纸包，却推衍出还有马驹存在的有趣事件。这样两种不同的人生情怀里，谁过得更快乐呢？

其实，在工作和生活当中，许许多多的事情都是这样，乐观的情绪总会给人带来快乐的结果；而有悲观的心理的人则不管得到什么，都不会快乐，而这一切都是由个人的内心决定的。

同样的，在现实的生活中，我们内心的许多忧虑往往并不是起源于外界的危险信号，而是源于我们内心的理性认识。我们或许总是担心疾病、担心车祸、担心失业等等。"笑看天下几多愁"就是要我们看破这其中的纠结根源，轻轻松松地处理自己的生活事务，就像做游戏那样轻松地看淡生活，纵使遭遇困难也能够平静地解决。

快乐也是一天，悲伤也是一天，与其烦恼地过，不如快乐地活。而快乐与悲伤都是由我们内心所生，我们要想获得快乐，就应该尽早地摈除内心的烦恼和痛苦，把内心的阴郁的情绪打扫干净，让自己快快乐乐地活在当下。

心境

第九辑

淡泊，不以物喜不以己悲

在平常、平凡的淡淡人生中，让自己拥有一份淡淡的情愫，过着淡淡的生活，淡出一份情真意切的真情来，淡出一份淡雅清香的韵味来，淡出一份坦然宁静的心境来，淡出一份淡泊名利的境界来，淡出一份绵延悠长的爱意来，淡出一份悠然自得的生活来。

保持淡泊名利的平常心

"是非成败转头空,青山依旧在,几度夕阳红;古今多少事,都付笑谈中。"人的一生都在名和利的追逐中,其实,到头来都免不了一抔黄土静静掩,一撮尘沙轻轻扬。所以,我们只有保持一颗淡泊名利的平常心,只有随性地生活,才不枉此生。

明代初道人洪应明所著的《菜根谭》中说:"此身常放在闲处,荣辱得失谁能差遣我;此身常在静中,是非利害谁能瞒昧我。"它的意思是说,经常把自己的身心放在安闲的环境中,世间所有的荣华富贵和成败得失都无法左右我,经常把自己的身心放在安宁的环境中,人间的功名利禄和是是非非就不能欺骗蒙蔽我。

人生的最高境界,即为这种"平淡"。一个人做到坚韧也许不是难事,然而能够做到平淡并非易事。

我国著名学者季羡林先生,他曾是北京大学副校长。然而即便有了这么高的地位,季慕林先生也不会因此显得骄傲自满,反而将这些看得非常平淡。

有一年九月,新的学期开始了,大批学子从天南地北赶到北大。

有一个外地的农村学子,他大包小裹的东西很多。因为这些行李很沉,所以那个农村学子不一会儿便累得气喘吁吁,于是他就把自己的行李放在路边休息一下。

这个农村孩子为了不耽误报到,就想找一个人来帮自己看东西,可是他看了半天,他发现过来的不是学生就是学生的家长。人们都行色匆匆地为报到的事情而忙碌着,没有人有时间帮他看行李。

看着这些行李，这个学子不由叹了口气。正在这时，路边走来一个老大爷。这位老大爷走路比较慢，看起来比较悠闲，不像是要赶路的样子，于是，这个农村学子就带着试一试的心情去拜托这位老大爷帮自己看一下行李。

当他刚说完时，老大爷就爽快地答应了。学子感激了半天，就去办理入学手续了。因为当天北大的新生很多，所以，他花了两个小时才办完了入学手续。

办完手续，这位学子急忙回到了放行李的地方。那位老大爷还在尽职尽责地帮自己看包，他非常感动，对老大爷说了很多感谢的话。老大爷谦虚了几句，然后就笑着走了。

到了第二天的开学典礼上，这位学子突然发现，原来昨天帮自己看包的那个老大爷就是北大的副校长——季羡林教授。从这以后，这位学子将季慕林先生当成了自己心中的偶像。

季羡林先生是大学者，更是懂得人生的智慧之人。他一生都非常反感类似于"学术泰斗"、"学贯中西的大家"之类的称号，总认为自己是一个很平凡的人。他有一句名言："人的一切要合乎科学规律，顺其自然，最主要的是要多做点有益的事。"在名利面前，能而不为，有而不重，是谓淡泊，是一种高雅和超脱。

人生的所求所欲，名利也好，地位也好，艺术或逍遥也好，都是人生的一种抉择，都有它存在的因由。但是需要有一定的衡量标准来量度，究竟什么最能让人充实和幸福？人世间万事百态，法无定法，理无定理，皆是各人所持的一孔之见，孰高孰低，也难一言蔽之。天下熙熙，皆为利来；天下攘攘，皆为利往。人生看不破名利二字，终身就会受到它羁绊。名利就像是一副枷锁，束缚了人的本真。季慕林先生的平淡，已经到了更高一层的人生境界。

当然有的人说，这种平淡，不是平庸吗？虽然两者只有一字之差，但内容迥异。平淡源于对现实清醒的认识，是来自灵魂深处的表白，是以一种出尘之心入世生活；平庸则是追逐于俗尘实务里的妄行。人世间最难得的就是拥有一颗淡泊名利的平常心，虚荣诱、权势惑、金钱欲、美色迷，一切的一切，都在于自我的理解与把控。

学会平淡地生活，会拥有一个坦然充实的人生。一个真正懂得平淡的人生的人，首先就必是拥有充实生活的人。因为平淡人生就是有所作为的人生，作为的大小并不是平淡人生最关注的，却往往是平淡人生最能成就得了的。

有一天，小强与爸爸到后院玩耍，发现后院有一片枯黄的草地。小强就对爸爸说："爸爸快撒些草籽上去吧，这草地太难看了。"

"不着急，什么时候有空了，我就去买一些，草籽什么时候都能撒。"爸爸答道。

冬天过去后，爸爸把草籽买了回来，交给小强说："去吧，把草籽撒在地上。"起风了，那些草籽被风刮得满地都是，小强很是着急："不好，许多草籽都被吹走了！"

爸爸说："没关系，吹走的多半是空的，撒下了也发不了芽，担什么心呢？随性！"

就在这时候，一群小鸟飞来了，又把刚刚撒在地上的草籽吃了，小强惊慌地跟爸爸说："不好了，草籽都被小鸟吃了！"

爸爸又说："没关系，草籽多，小鸟是吃不玩的，你就放心吧，过不了多久，这里一定有小草！"

第二天早上小强来到院子里看，地上没有一颗草籽，他去问爸爸："昨晚下了一场大雨把地上的草籽都冲走了，怎么办啊？"

爸爸不慌不忙地说："不用着急，草籽被冲到哪里就在哪里发芽，随缘吧！"

不久，许多青翠的草苗果然破土而出，原来没有撒到的一些角落里，居然也长出了许多青翠的小草。

小强高兴地对爸爸说："太好了，我种的草长出来了！"

爸爸点点头说："随喜！"

文中看似是说爸爸对小草的态度，其实，更深层次地说明了爸爸面对生活的一种淡泊，小草就是我们心中的名和利。其实，小草有小草的生命规则，只要有水有泥土的地方就能发芽，只要你撒下了草籽就不必担心小草不能发芽，这就和我们的生活是一样的，我们也要随性而为，不必刻意强求，一味地追逐名和利。任何事情都有其规律，与其百般思量，不如随性而为，这样才更容易让我们感受到生活的乐趣与意义。

上天既然给了我们生命，我们就应该活出它的价值，保持一颗淡泊名利的平常心，我们就可以顺着自己的心意去探寻生命的轨迹，不必去计较一时的得失，不必去在意那些身外之物，这样才能让自己切实地活出真正的自我，才能体现出自我的真正的价值。

拔掉心中杂草，拥有美丽心灵

健康、幸福和财富等等一切美好东西的获得，首先都源自于一个人洁净的心灵，所以，我们想要拥有这些美好，就必须拔出心中的杂草，还自己纯净、澄澈的心灵。

社会不断地发展，物质欲望也越来越膨胀，这个社会充满着诱惑，我们再也不满足于吃饱穿暖，总是奢求穿要高档名牌，吃要山珍海味，住要乡间别墅，行要宝马香车。

追名逐利的现代人，一切都被欲望支配着，我们的心里长满了欲望和奢求的杂草，失去了本真和自我。

一个澄澈美丽的心灵世界里只有美好的、坦诚的、善良的东西，在那里我们看到的是一种叫做真、善、美的花，只要我们能够用心去浇灌，它就能结出美丽的果实；在一个污浊丑恶的心灵世界里只有贪婪的、自私的、虚荣的东西，在那里我们只能看到疯长的丑恶杂草。如果我们任心中的杂草到处蔓延，长势过旺的杂草就会威胁真善美之花的生长。

生命是一种心境

阿财是一个长年工，他在地主家兢兢业业地辛苦了一辈子，他最大的愿望就是得到一块土地。

有一天早上，地主对他说："阿财，你在我家辛苦了一辈子，从没有过抱怨，为了感谢你，我决定满足你的愿望，你从这里往外跑，跑一段就插个旗杆，只要你在太阳落山前赶回来，插上旗杆的地都归你。"

阿财听了，惊喜万分，于是他拼命地跑，太阳偏西了还不知足。太阳落山前，他是跑回来了，但人已精疲力竭，摔个跟头就再没起来。

地主遗憾地摇了摇头说："本来是想满足你的愿望，却害了你的性命，一个人要多少土地呢？人的心，可怕啊！"

其实，地主并没有使阿财丢掉性命，让他失去性命的是他不满足的心灵。正如地主所说，人的心的确是可怕的。一个人的心灵如果不纯净，就如猛虎，害人也会害己。

"身是菩提树，心如明镜台，时时勤拂拭，勿使惹尘埃。"这是禅宗神秀和尚所作的一偈。也许，这一偈没有六祖慧能的"菩提本无树"那么玄妙，但是它却更能贴近我们这些世俗之人的心灵。

原本，我们的心灵是一片净土，一尘不染，与世无争，但是，它很容易被世俗杂念所污染，失去原有的宁静。由于欲念的存在，我们会被世上的名利、金钱、物质所迷惑，心中只想将喜欢的东西通通归为己有，而不想舍弃，于是心中就充满了矛盾、忧愁、烦恼，心灵上就会承受很大的压力，再也听不到来自心灵的呼唤。因此，我们必须学会反思这些不当的心理状态，避免被世俗的混杂声所扰乱，以致迷失自我，无法自拔。

法国杰出的启蒙哲学家卢梭说，"十岁时被点心、二十岁被恋人、三十岁被快乐、四十岁被野心、五十岁被贪婪所俘虏。人到什么时候才能只追求睿智呢？"这是对物欲太盛的人一生的追求的一个极其恰当的概括。人生在世，不是说不能有欲望，欲望在一定程度上是促进社会发展和自我实现的动力，可是，除了生存的欲望以外，要有节制地预防其他欲望的侵害，时常提醒自己，要淡泊明志，只有内心干净，才不至于腐化变质。

的确，人心不能清净，是因为欲望太多，欲望的沟壑永远填不满，人心永不知足，没有家产想家产，有了家产想当官，当了小官想大官，当了大官想成仙……精神上永无宁静，于是我们就永无快乐。

我们的心灵会左右我们的行动，所以，我们的思想也会控制着肉体，无论是精心的思考，还是无意识的流露，身体都会一一响应。

纯洁美丽的心灵，会使人们的身体充满生命力；杂草丛生的心灵，则会使人们的生命力衰退。如果要想有一个健康的身体，就得净化自己的心灵。心中的怨恨、嫉妒、失望、沮丧，会使身体的健康遭到损害，会使快乐消失。愁苦的面容并不是偶然出现的，而是思想焦躁忧虑导致的。满脸的皱纹都是因怨恨、暴怒与自大而生出的。自私、虚荣、狡诈、贪婪、仇恨、愤怒、骄傲、任性、顽固这些都是导致思想不纯洁的祸根；反之，慷慨、热情、友善、纯洁、无私、忍让、温和，这些都是净化心灵的智慧之水。

嫉妒、贪婪，自私、虚荣、狡诈、仇恨等是心灵的杂草，我们不知道的是有的杂草被漂亮的外表包裹着，它们看似道德的化身，实际却是一种慢性毒药。比如，过度的自责就是这样一种心灵的杂草，它无形中成了我们心灵上的枷锁，妨碍了我们的生活、工作。

龙辉是一个警察，他一直是个有责任心的人，多次获得荣誉勋章。

但是，在一次解救人质的行动中，他却一时疏忽漏掉了一个应该搜查的房间，结果致使一个孩子惨死在了歹徒的枪下。

龙辉从此一蹶不振，认为那是自己的错。于是，他辞去了工作，每天都要对这个失误进行忏悔，而这，也正是他生活的主要内容。

他总是这样想："如果我没有漏掉那个房间，那个活生生的生命就还在人间。"于是，他不停地责怪自己，陷入过度自责中的他，总是郁郁寡欢，一点儿也不快乐。

一个偶然的机会，那个孩子的姐姐知道了这件事。她找到了龙辉，她把他带到一群玩得很高兴的孩子中间，并告诉他这些人都是在当初那个事件中被救出来的孩子，现在他们过得都很幸福。而且，这些人对他一直都怀着感恩之情。这时，龙辉的心情一下子好多了，因为在那一刻他发现自己并非毫无用处。

从此，龙辉卸下了负罪的包袱，又投入到丰富多彩的生活中去了。

生活中也有很多人像龙辉一样，因为一点错误就看不到所有的美好，整天活在自责和愧疚中。虽然自我批评式的自责，及由此引发的内疚感和负罪感的出现都是自然的，但如果超出了反省的限度，整日沉溺在自责中，不努力做事，不积极生活，那就是对自己精神的折磨，也会给身边的人带来阴霾。

我们要知道这种心理是不健康的，是会影响我们正常生活的。所以，只有将这些心灵的杂草彻头彻尾地清除，才能给我们留下个纯洁美好的心灵空间，才能让我们的生活归于平静。

控制无止境的欲望

伊索说过："许多人想得到更多的东西，却把现在拥有的也失去了。"欲望是无止境的，面对着太多的诱惑，我们有太多的需求。然而，在我们满足欲望的同时，会迷失自己——我们要学会控制自己的欲望。

人生来本没有烦恼，所有的烦恼都是由人内心的欲望所生！

每个人可能都会有这样的体验：当我们在年少的时候，因为无所求，所以会感到轻松、快乐；成年后，因为要面对太多的世事和诱惑，心中的欲望就越来越多，为了满足自己，我们每天都在不停地捡拾，自以为装进去的都是好东西，殊不知，捡起来的恰恰是无尽的烦恼。慢慢地，我们心中承受的东西越来越多，想拥有钱财、美色、饮食，想拥有权力、名望……

凡是触及到我们生活的东西，我们都想拥有，而这些欲望一旦得不到满足，我们的内心就会变得沉重，心里塞满了烦恼，快乐自然也就消失了。

我们通常说的"地狱"在哪里呢？其实，它就在人的内心深处。人的欲望越多，越难满足，心灵深处的不安和怒火就会越旺盛，可见欲望的确是一切烦恼的根源。

她是一个都市白领，高学历，高收入，人长得十分漂亮，身材也很好，一切都显得那么完美，那么让人羡慕。

每天上班她都会有着不同风格的打扮，时髦得体的她，赢得了周围所有同事的称赞。在一片赞扬声中，她的虚荣心越发膨胀起来，为了更引人注目，为了讲求品位，她不惜花大笔的钱去购买名贵珠宝、名牌服装、高档箱包……她的收入毕竟有限，对时尚物质追求的强烈欲望，已经让她负债累累。

有一次在与朋友聊天的过程中，她说自己其实活得很累，别人看到的她只是一个光鲜亮丽的外表，但是她的内心已经疲惫不堪。她也反省过自己，超负荷地购买名牌物品似乎也没让自己真正开心过，她也想快乐起来，但是，这种欲望却让她欲罢不能。

由于内心的负担过重，原本漂亮的她变憔悴了许多，对生活失去了目标，对工作也丧失了兴趣，时常唉声叹气，人也变得悲观厌世。她甚至不知道自己该如何是好……

让许多女孩羡慕的她本应该过得很轻松、很快乐的，但是就是因为心中越来越多的欲望让她的心灵承载了太多的负担，也让她丝毫品尝不到轻松和快乐的滋味。其实，她本人已经很漂亮了，何必要用那些外在名牌物品去刻意地装饰自己呢！

生命是一种心境

人的欲望是座火山，如不控制就会伤身害人。我们很多人就是过多地考虑名利得失，结果总是跟在欲望后面跑来跑去，两手空空地走完了自己的一生。知足者能够认识到无止境的欲望带来的痛苦。如果太贪婪了，欲望太强了，而其能力又有限，这样必然会导致可怕的后果。

在现代都市中，我们很容易被太多的欲望牵着走，得到了一段美好的感情，又想拥有一个美满的家庭，随即又想有一个可爱的孩子，同时又想拥有一份成功的事业……这些无止境的欲望，使我们的心灵承载了太多的负担，永远没有停歇下来的时候。"累！累！累！"成了我们呼之欲出的口头语。我们只是在欲望的深渊中挣扎不止，不知何时才能解脱！

有些人可能会说，那些喊"累"的人是因为欲望太强了，而我对生活的要求很低，但是为何还会感到累呢？那是因为即使再小的欲望，在心里搁久了，也会变成负累。

在课堂上面，一位哲学老师拿起一杯水，然后就问她的学生："各位同学，你们认为这杯水有多重呢？"有的学生说有50克，也有的说有100克。

"是的，它仅仅只有100克。那么，你们将这杯水端在手中能一直持续多久呢？"老师又问道。很多人都笑了，心想：100克而已，拿的时间久又会怎么样！"

老师没有笑，他接着说："拿一分钟，大家肯定会觉得没有问题；如果拿一个小时，大家可能会觉得手酸；如果让你拿一天，甚至拿一个星期呢？那可能得叫救护车了。"大家都笑了，但是这次是赞许的笑。

老师又继续地说道："其实这杯水的重量是很轻的，但是当你拿得久了，就会自觉得沉重无比。这就如同我们内心不断积聚的小小的欲望，不管它有多小，时间一久，终也将会成为你心灵的沉重负累。"

如果我们能适时地放下水杯，休息一下后再拿起，就能拿更久的时间。所以，我们也要适时地放下自己心中的欲望，让自己的心灵能有时间好好地休息一下，如此才能让自己活得更长久。

正如这个老师所说的：不管你的欲望有多小，随着时间的堆积，它也会成为我们心灵的负累，所以，不管在任何时候，我们都要适时地放松自己，这样才能让自己走得更远。这就如同一张拉开弦的弓，绷得太紧就容易断，只有恰到好处，箭才能射得更远，最终射中自己的目标。人生旅途，我们也是需要我们不时地放下不需要的包袱，轻装上阵，只有这样，我们才能让自己走得更远。

有人说："眼睛不要睁得太大，且问，百年以后，哪一样是你的？"是的，我们每个人苦苦追寻的东西，到最终又有哪一样才是属于自己的呢？而只有心灵的快乐与轻松才是生命的真谛，才能让我们生命恒久地拥有。也就是说，心灵的轻松快乐是称量我们生命的天平。

心灵的负担越重，生命的脚步就越慢，以致最终因不堪重负而停止，所以，我们要多多放下心中的欲望，不要让心灵承载太多的负累，最终才能让自己获得恒久的快乐。就算我们拥有了整个世界，我们一天也只能吃三餐，一次也只能睡一张床，反观那些懂得舍弃的人，每日粗茶淡饭、悠闲自得，反而更明白幸福的真谛！

贪婪是罂粟，美丽却有毒

有所求的念头固然不为错，但这世间美好的东西实在是太多了，我们总希望让尽可能多的东西为自己所拥有，但我们所能享用的并不多，与其贪婪地占有，不如先去学会品尝和享用。贪婪具备蛊惑人性的能力，贪婪导致的后果是非常可怕的。

在小学的语文课本里有一篇文章叫《猴子下山》，它让我们明白：贪婪将会一无所有。在生活中,我们的父辈从小就在我们耳旁反复念叨:做人啊,要本分,不要丢了西瓜捡芝麻。他们用他们的生活经验告诉我们人生的道理:做人不能贪婪。

的确,我们每天都在奔波劳碌,每天都在幻想填平心里的欲望,但是那些欲望却像是永远填不平的沟壑,你越是想填平,它就向下凹得越深。

贪婪就好像一朵艳丽的罂粟,美得我们心花怒放,于是我们就不对它设防,忘了它其实是有毒的,那是一种让你身心疲惫却永远也感受不到幸福的毒……一旦中了贪婪的毒,我们的心灵被索求所占据,我们的双眼被虚荣所模糊,我们就永远不会懂生活的真谛,因为陷于贪婪之中的人,除了对财富感到满足,不会将其他事情放在心上。一旦财富流失,就会变得暴躁、沮丧,以为世界末日即将来临,从而患得患失,不愿睁开双眼看看世界的美妙。

所以,为了一个快乐的心情,为了一份美好的生活,我们要将贪婪这朵有毒的罂粟,彻底地从我们的心里拔出。

从前有一位波斯商人,他要去远方淘金。出发时,他还带了 50 个奴仆,还有150 头骆驼。

一天晚上,这个商人来到怯失岛的别墅,邀请了一个好朋友。他对好朋友说:"我现在真的是太富有了,我在土耳其存着一批货,我在印度有一批花色齐全的商品,所以,我决定给自己放松一下。我想去亚历山大住一阵,那边空气好,有益于身体健康。不过,地中海风浪太大,如果现在去,时机好像还不太好,所以,我准备再做一次旅行,从此以后就深居简出,不再出外经商了。"

朋友好奇地问:"为什么?那这次旅行你有什么打算?"

这位波斯商人说道:"我准备去一趟中国。因为我听说,硫黄在中国能卖个好价钱,而我手里又有不少硫黄。我可以和中国人交换瓷器,然后把瓷器带到希腊,再把希腊或威尼斯的绸缎带到印度,把印度的铁带到阿勒颇,把阿勒颇的玻璃品带到也门,再从也门把花布带回波斯。这样,我就能收获不少钱。到那个时候,我就可以彻底退休了。"

　　见朋友没有说话，他说："你怎么了？你也谈谈你的看法吧，说不定对我还有帮助。"

　　朋友笑了笑，说："我给你讲个故事吧。前一段，一个商人在沙漠里行走，突然从骆驼上掉了下来，他被摔伤了，临死前，他说，贪婪的眼睛如果不满足，终究会被黄土封住。"

　　听完朋友的话，这位商人沉默了许久。没过多长时间，他放弃了这次行程，来到了地中海，享受起属于自己的生活。

　　很多人都像这位商人最初的想法一样，将人生的包袱紧紧地压在心头。我们明明知道这样很辛苦，但是我们还是不愿意放下，结果弄得自己又苦又累。每个人都有欲望，都想过美满幸福的生活，都希望丰衣足食，这是人之常情，但是，如果把这种欲望变成不正当的欲求，变成无止境的贪婪，那我们就会无形中成了欲望的奴隶。一个聪明的人就要学会抑制自己的欲望，不让那些不必要的贪念支配你的生活，这样才能享受到生活的美好，就像这个商人一样，最后他听了朋友的话，他及时地遏制住了自己的贪婪之心，从而享受到了属于自己的生活。

　　是啊，人生在世，有时候会伴随着欢笑与快乐，但有时候也会被忧虑与烦恼所侵扰。很多时候，我们的烦恼是因为我们的内心被欲望所侵染，于是心中就充满了矛盾、忧愁、烦恼，给我们的内心带来了痛苦和惶惑。所以，"时时勤拂拭"，我们要拭去落在心灵上的灰尘，把一些美好的东西保留下来，把世俗的杂音抛弃，只有这样，才能找回自己那颗宁静的心，享受来自内心的沁人心脾的心香。

　　从前有一个乞丐，他经常自言自语地说："我真想发财呀！如果我发了财，我要让所有的乞丐都有房子住，吃饱穿暖，我绝不做吝啬鬼……"

　　他就这样一遍遍地祈祷着，终于有一天，一个神仙找到了他。神仙对他说道："我听到你的祈祷了，你就要发财了，我这就给你一个有魔力的钱袋。这钱袋里有一枚金币，是永远也拿不完的。但是，在你觉得够了的时候，就必须把钱袋扔掉，才可以开始使用那些金币。"说完，神仙就不见了。

这个乞丐惊讶地揉了揉眼睛，以为自己是做梦。不过，他发现自己的身边真的出现了一个钱袋，里面装着一枚金币！乞丐把那枚金币拿出来，里面又有了一枚，于是，乞丐不断地往外拿金币，他一直拿了整整一个晚上，金币已有一大堆了。看着这些钱，这个乞丐想：这些钱已经够我用一辈子了。

第二天一早，他拿着这些钱，准备到街上买面包吃，但是，在他花钱以前，必须扔掉那个钱袋，他舍不得扔掉那件宝贝，他又继续从钱袋里往外拿钱。每次当他想把钱袋扔掉的时候，他就总觉得钱还不够多。

就这样，日子一天天过去了，他的金币越来越多，多到可以买下一个国家。可是，他总是对自己说："还是等钱再多一些才好。"于是，他不吃不喝拼命地拿钱，金币已经快堆满一屋子了，但他却变得又瘦又弱，脸色蜡黄。他虚弱地说："我不能把钱袋扔掉，金币还在源源不断地出来啊！"

没过多久，因为水米未进的缘故，这个已经成了大富翁的乞丐，看起来却非常虚弱，即便如此，但他还是在用颤抖的手往外掏金币。最后，由于又累又饿，他死在了成堆的金币旁。

在现实生活中，如这个乞丐一般的人不在少数，他们总是希望拥有的越多越好，爬得越高越好，结果当然是疲惫不堪，反而让自己丢失了更多：健康、亲情、友谊，乃至生命。

其实，在我们的一生中，每一个人所拥有的财物，无论是房子、车子……无论是有形的，还是无形的，没有一样是属于你自己的。那些东西不过是暂时寄托于你，有的让你暂时使用，有的只是让你暂时保管而已。到了最后，物归何主，一切都是未知数。如果总是对身外之物有着无尽的贪婪，那么到头来，幸福、快乐也会对你无比刻薄。

人生一世，我们想要得到心灵的快乐，那么就不应该一味奢求华屋美厦，不垂涎山珍海味，不追名逐利，过一种简朴素净的生活。一些外在的财富也许不如别人，但内心充实富有才是真正的生活，否则，你每天会都处于抱怨、急躁的情绪之中，又怎能感受到生活的轻松。所以，学着为自己的贪婪之心忏悔吧，原谅自己过去的执著，你才能看清生活原本的样子。

知足才能富足

庄子说："知足者，不以利自累也。"是的，因为欲望得不到满足，所以才有了不快乐，所以，人生在世，我们要懂得知足。

"知足常乐"语出《老子·俭欲》："罪莫大于可欲，祸莫大于不知足；咎莫大于欲得。故知足之足，常足。"意思是说：最大的罪恶莫过于放纵欲望，最大的祸患没有比不知满足大的了；最大的过失也没有比贪得无厌大的了。所以，内心知道满足的人，永远会感到快乐。

我们知道，羁绊心灵的是内心的欲望，因为欲望得不到满足，所以才有了不快乐。一个真正懂得自我的人就会懂得知足的分量和乐趣。

从前有一位国王，拥有荣华富贵，照理，他应该满足，应该过得快乐，但事实他内心过得并不快乐。国王自己也十分纳闷，为什么他对自己的生活还十分不满意，为什么不能快乐起来呢？

有一天，国王很早就起床了，他随意在王宫四处转悠。国王无意间走到御膳房时，听到里面一个厨子在快乐地哼着小曲，脸上并洋溢着幸福的表情。

国王甚是奇怪，问那个厨子为何如此快乐？厨子答道："我家里有一间草屋，肚子里不缺暖食，家里有贤惠的妻子和可爱的儿子，这样美满的生活，你说我能不快乐吗？"

听到这里，国王就明白了。随后，国王就与朝中的宰相讨论这个厨子的快乐，宰相说："陛下，我认为这个厨子还没有成为99一族。"

国王惊讶地问道："何谓99一族呢？"

宰相答道："你只要做这样一件事情就可以确切地明白什么是99一族了。准备一个包袱，在里面放进去99枚金币，然后把这个包放在那个厨子的家门口，您很快就可以明白一切了。"

国王按照宰相所言，命人将一个装有99枚金币的包袱放在那个快乐的厨子家门口。厨子回家的时候，就发现了门前的包袱，好奇地把包袱打开，先是惊诧，然后狂喜：金币！怎么这么多金币！厨子将包里的金币全部倒出来，查点了三遍，都是99枚。他心中开始纳闷：没理由只有这99枚啊？哪有人会只装99枚啊？那一枚掉到哪里去了呢？于是他就开始到处寻找，找遍了整个院子也没有找到，心情沮丧到了极点。

于是，他决定从明天起，加倍努力工作，争取早一天挣回那一枚金币。晚上由于找那枚金币太辛苦，第二天早上便起来得有点晚，情绪也坏到了极点，就对妻子与孩子大吼大叫，不停地责骂他们没有及时把他叫醒，影响了早日挣回那一枚金币的梦想。

从那以后，他每天匆匆忙忙地来到御膳房，为了多挣钱。也不像以前那么兴高采烈地哼小曲吹口哨了，平时只是埋头拼命地干活，一点儿也没有注意到国王正在悄悄地观察他。

国王看到原本快乐的厨子心情变得如此沮丧，就十分不解。就问宰相："他已经得到那么多金币，应该比以前更快乐才对，可为何？"

宰相对国王说："陛下，你现在看到的厨子就是99一族中的成员了。他们拥有很多，但是从来不懂得满足，他们只是拼命地工作，只为了额外地得到那个'1'，为了尽早实现那个'100'。原本快乐、轻松的生活，只因为忽然出现了能够凑足100的可能性，就变得不快乐了。他们竭尽全力去追求那个毫无任何意义的'1'，不惜付出失去快乐的代价，这就是99一族的人。"

"知足者贫穷亦乐，不知足者富贵亦忧。"快乐是与富贵、贫穷无关的，关键取决于我们内心是否满足。

真正的快乐不是拥有的多，而是内心的欲求少。我们活着就应该知足，当你早上醒来时，如果发现自己还能顺畅地呼吸，那么这就说明你比在这一周离开人世的100万人更有福气；如果你从未经历过战争的危险、被囚禁的孤寂、受折磨的痛苦和忍饥挨饿的煎熬……你已经好过世界上5亿人；如果你的冰箱里有食物，有屋栖身，你已经比世界上70%的人更富有；如果你积极地去握一个人的手，拥抱他，或者只是在他的肩膀上拍一下……那么，你真的很幸福，因为你现在所做的，已经等同上帝才能做到的。就像歌中唱的那样"想想疾病苦，无病既是福；想想饥寒苦，温饱既是福；想想生活苦，达观既是福；想想乱世苦，平安既是福；想想牢狱苦，安分既是福；莫羡人家生活好，还有人家比我差；莫叹自己命运薄，还有他人比我差……"所以，我们就应该对现有的收获倍加珍惜，对目前的成果尽情享受，这样才能让自己获得永恒的快乐。

一天，小郭正在路边散步，这时，他看到路旁有个小男孩在号啕大哭，于是就走了过去，问"小朋友，你为何哭得如此伤心？"

小男孩揉着眼睛说："我刚才跑得太快，不小心丢失了10元钱。"

小郭看他这么伤心，不由浑身一颤，因为他知道丢钱的滋味并不好受。于是，他从腰包里掏出10元钱给了这个小男孩。

小男孩拿到钱后，怯生生地说了声谢谢。小郭满意地笑了笑，然后继续一个人散步。半个小时候，他又转回到了这个地方，谁知却看见那个男孩还没有走，反而哭得更凶了。

小郭一看，不由大惑不解，就问小男孩："我不是已经给了你10元钱么？为什么还哭呢？"

小男孩回答说："如果我先不丢失那10元钱就好了，那我现在就有20元了。"

小郭愣了愣，说："算了，你也别这么想了，你就当没丢过钱，就当我从来没给过你钱,你的这十块还是你自己的,这样不就好了吗?"

"不好不好,"小男孩大叫道,"要是我还有十块,我就可以买一把更好的手枪,而不是买最便宜的!"

"这……"小郭听到小男孩如此回答自己,不知道刚才给他钱的行为,是对还是错。不得已,他摇着头走开了。走出了很远,他还听到小男孩的哭声:"我要买更好的,我要买更好的……"

可以说,知足与不知足,这是我们最大的心理矛盾。人们就是在这对矛盾中,生活了一辈子,工作了一辈子,奋斗了一辈子,也较量了一辈子。人的"知足"与"不知足"都具有二重性,既有积极的一面,又有消极的一面,关键是能否摆正位置,并正确把握其中的"度"。谁把位置摆正了,谁就能化消极因素为积极因素,谁就掌握了通向成功、通向幸福的钥匙;反之,失败便等待着你,让你一遍遍体会着伤心失落。

当然了,我们所说的"知足常乐"并不是一种不思进取的处世态度,用现代经济学的观点来说,"知足常乐"是指在有限资源与无穷欲望之间找出一个平衡点,并努力将这种平衡状态维持下去的生活态度。用现代心理学解释,所谓"知足常乐",就是尽量使自身的承受能力与需求保持相对平衡稳定的一种状态,它是一种积极的生活态度,是一种智慧的处世方式。

随着现代生活节奏的加快,在各种压力不断增加的今天,聪明的处世方式应该为:相对的知足,绝对的追求。知足常乐,其实就是要求人们肯定当下的生命,满足于当下的获得与快乐,心中有了满足感,快乐也就来临了。

一个人的成就，绝不会超过他的心理宽度

　　包容是一种修养，一种成熟，这种修养表现出来的不是软弱，而是力量，是魅力，是过人的目光与胸怀，是对于人性的深度理解，是对于利益的整体把握，是对于个性的充分尊重，是对于共存原则的贯彻与实施。

　　我们必须牢记，一个人的心有多大，他的舞台就会有多大。

宽恕他人就是善待自己

没有宽容就没有友谊,没有善待就没有朋友。宽容和理解是一种力量,是友谊的桥梁,是和煦的阳光。我们要想拥有不离不弃的友谊,就必须学会包容。

莎士比亚忠告人们说:"不要因为你的敌人而燃起一把怒火,结果却烧伤了你自己。"这是在告诫我们,做人要宽容,待人要宽恕。

宽容是一种美德,宽容他人,实际上就是善待自己。一个人不能容忍别人的缺点,就不可能拥有真正的朋友,而他的人生也难以成功。

宽容也是一种自我解脱,生活中有许多说不清、道不明的是是非非,究竟是为了什么而争?为了权利,地位,还是金钱?可这样的快乐又能维持多久?也许你确实有"理",也许你也争到了"理",但现实中有很多事仅靠一个"理"字是无法解决问题的。争"理"不如争"礼"!

做事要给自己留有余地,若将他人逼到绝路,自己也就没了退路。这样"冤冤相报何时了"?其结果只能是纠纷不断、两败俱伤。

赵睿和李美是一对情侣,交往已经有三年了。赵睿的个性很强势,但脾气还算温和。李美的个性也差不多,但她却是个情绪化严重的人,一点儿小事就能把她惹怒。两人为此也经常争吵,不过李美的嘴皮子比较厉害,所以每次争执的时候,不管谁对谁错,赵睿总是"输"给李美,肚子里憋着气却发不出来。久而久之,他心里就开始厌烦李美了。

一次,两人约好去听音乐会,途中却一件小事吵了起来。赵睿因为每次都无力招架,就只好沉默以对。可李美却不依不饶,不仅抱怨赵睿这不好那不好,还死死地追问他"沉默"到底是何"用意"，甚至不顾赵睿的面子，在路上对他大发脾气。这时候，赵睿终于忍不住了，他说："你有完没完了？我已经忍你很久了。你每次都这么咄咄逼人，我实在受不了了，我们分手吧！"

李美也是个个性很强的人，当时就同意分手了。两人的音乐会没有看成，反倒是分道扬镳了。实际上，这样的结果并不是李美想要的，但她一直都不知道是她的咄咄逼人让她失去了自己的爱情。

李美的咄咄逼人，让赵睿始终在一种压力下生存。无论什么事情，李美总是逞口舌之强，非要占个上风，面对赵睿的沉默，李美不是扪心自问，而是穷追猛打，终于逼出了"分手"二字，这恐怕都不是李美渴望的结果。

面对一个得理不让人、无理辩三分的人，恐怕任何人都难以容忍，说不定赵睿早就忍无可忍，分手的念头早就存在，只是没有合适的时机表达而已，终于在李美紧逼的状态下，说出了分手的话，使得李美无路可退，只得答应分手。

其实，人与人之间，尤其是掺杂感情因素时，谁是谁非，有时很难说得明白。如果硬要在这上面"辩争"得一清二楚，恐怕另一方就会被言语伤害到。因此，得饶人处且饶人，没有必要把对方逼到墙角，这样于人于己都有益。

"得饶人处且饶人"，这句话说起来容易，可一旦真正到自己身上的时候，往往纠缠不清。可是，真正的智者，不管在什么情况之下，都能做到无限的包容与宽恕，因为他们的胸怀是"大肚能容，容天下难容之事！"

宽以待人，正是以广阔的胸怀、包容的气度去创造一种和谐的人际关系。大度豁达地待人，使自身的人品得到大家尊敬和倾慕，使我们的人格魅力得到不断的提升。如一束仁爱的光芒，对他人的释怀，也给自己带来了无上的福分；如一个指南针，在浓重的迷雾中，给人们指明了方向，使人际之路、生活之道不再复杂。

一个人若想成就大事，就得要有宽阔的胸怀，只有养成了包容一些人和事的习惯，才能够取得事业上的成功与辉煌。

宽容，往往会让结果变得更好

西晋文学家潘岳在《西征赋》中写道："乾坤以有亲可久，君子以厚德载物。"人生在世，要学会宽容。

"天地本宽，而鄙者自隘"，《菜根谭》上的这句话可谓警世之言，学会宽容，是处世的需要。世间并无绝对的好坏，而且往往正邪善恶交错，所以我们立身处世有时也要有清浊并容的雅量。因为我们太过于计较，所以我们经常不开心。如果我们心存宽容，能够容纳和理解世上的对错、是非，那就自然可以避免许多烦扰，没有烦扰的介入，我们的内心就自然能够获得平静和快乐了。

荷兰的斯宾诺沙说过："人心不是靠武力征服的，而是靠爱和宽容大度征服的。"在现实生活中，人与人之间难免有碰撞，即便是心地最和善的人，也难免会伤害到他人。如果过于计较，不仅会使自己陷入无尽的烦恼之中，也会置旁人于痛苦之中。

所以，我们要以宽容之心多去谅解别人，理解别人。宽容是一种博大的情怀，它能包容人世间的喜怒哀乐；宽容是一种至高的境界，它能使人活得大方磊落。只有宽容，才能愈合不愉快的创伤；只有宽容，才能消除人为的紧张与痛苦。宽容如一束温暖的阳光，亲切且明亮，温暖的宽容也确实让人难忘。

在一个寺院里有一个老法师，他是这个寺院里最德高望重的人。

一天傍晚，他在禅院中散步。突然看到墙角边有一个凳子，他一看便知道是有人违反寺规越墙出去了。

发现这个情况，老法师也不作声，悄悄地走到墙边，慢慢地移开凳子，就地而蹲下来。一会儿，果真有一个小和尚翻墙而入，黑暗中踩着老法师的肩膀跳进了院子中。当他双脚着地时，才发现刚才自己踏的不是凳子，而是自己的师父。见状，小和尚惊慌失措，张口结舌，想着这下该被赶出寺院了，心里非常恐慌难过。

但是出乎他意料的是，师父非但没有厉声地责备他，只是以平静的语气说："夜深天凉了，快去多穿一件衣服吧！"

小和尚听了很受感动，这件事以后，他再也没有违犯寺规了。

故事中的老法师是个宽容的人，发现小和尚违反寺规，他以宽容的心态去处理这件事情，就使双方都少了许多不必要的麻烦，小和尚也因为感恩而不再违犯寺规。我们不妨想一想，如果当时老法师对其大加斥责，小和尚最终可能会被赶出寺院，痛苦自然少不了，寺院可能也会生出许多烦恼出来。

宽容对于改善人际关系与身心健康都是十分有益的。如果你都以宽容之心去对待你周围的人，就自然会忽略他们在生活、工作、学习过程中的一些过失，能够有效地防止事态扩大而加剧彼此之间的矛盾，避免产生严重的后果。事实证明，不懂得宽容的人，只会使烦恼和痛苦殃及自身。过于苛求别人或苛求自己的人，必定会使自己处于极为紧张的心理状态之中，也不容易感受到快乐。

哲学家说，宽容是一个人的修养和善良的结晶；心理学家则说，宽容是家庭生活的一剂调味品。所言极是。

常言道：金无足赤，人无完人。面对别人的错误、过失，聪明的做法就是以宽容待之。宽容别人的同时也是在宽容自己，是在解脱自己。倘若人与人之间没有宽容，恐怕我们的生活将会充满仇恨与报复，人们也感受不到幸福的滋味。

这天，是她的 60 周年金婚纪念日，她很幸福地向前来祝贺的朋友道出了保持幸福婚姻的秘诀。

她说："从我结婚的那天起，我就准备列出丈夫的 10 条缺点，为了我们的婚姻能够幸福，我向自己承诺，每当他犯了这 10 条错误中的任何一条，我都会原谅他。"

这时候，人群中则有人问："那你列出的这 10 条错误是什么呢？"

她听了，笑了笑说："老实告诉你们吧，这 60 年来，我始终没有将这 10 条缺点具体地列出来。每当我丈夫做错了事情，冒犯了我，让我气得直跺脚的时候，我就会马上提醒自己：算他运气好吧，他犯的错误都是我可以原谅他的那 10 条错误中的一条！"

朋友们听了，都不禁为她鼓掌。

有人说，聪明的女人要学会"装傻"！为了幸福，女人的"装傻"，既是一种策略，又是一种境界。有人调侃，婚前睁大眼睛，婚后要睁一只眼、闭一只眼。所谓的闭一只眼睛，大约就是"装傻"吧！任何事情都有它的模糊地带，婚姻也不例外，太较真儿了，只能使婚姻产生裂缝。倘若不想对婚姻放手，那么不妨试试"装傻"。这样说并不是让谁去忍气吞声，而是换一种思维方式，把生活中的小事儿模糊处理。在漫漫人生旅途中，人与人之间都难免会出现矛盾和摩擦，如果我们都能像她那样，学会去宽容和忍让，你就会发现，幸福和快乐将会时刻围绕着你。

具有宽容的心，意味着你不会再患得患失。我们在学会宽容别人的同时，也要学会宽容自己。当自己有了过失，亦不必灰心丧气，一蹶不振，也不必为之痛苦，只要能从中吸取教训，便可以重新扬起工作和生活的风帆。只有宽容地对待自己，才可以让自己心平气和地投入到工作和生活之中。

学会宽容不仅有益于身心健康，而且能保持家庭和睦、婚姻美满。因为宽容中包含有理解、同情和谅解，夫妻之间如果没有宽容，再坚固的爱情地基也有动摇的时候。生活需要宽容，欢乐之花离不开宽容之水的灌溉。

学会宽容，人的心胸就会变得开阔。当你被人误解，或者你误解了别人时，宽容会在时间的流逝中抚平一切伤痕，调和一切苦楚，会让结果朝向最理想的方向发展。

容人之量是成功的基石

　　常言说，"宰相肚里能撑船"，能撑船的肚子，一定能够包容一切。包容需要空间，这个空间就是胸怀！一个人要想取得成功，就必须要有容人之量。

　　"海不辞水，故能成其大；山不辞土石，故能成其高；明主不厌人，故能成其众。"大海能包容每一滴水，所以成就了它的广博；大山不拒绝每一粒尘土，所以才能巍峨高耸；聪明的管理者不会拒绝各路人才，所以能形成他的大众之势。心胸狭窄的人，只容得下芝麻，容不了西瓜；目光短浅的人，只看见眼前，看不到将来；自私自利的人，心里只装得下自己，装不下别人。只有胸怀坦荡、志存高远、公而忘私的人，心里才能容得下难容之事和难缠之人。

　　做学问成大器，要好学不倦、博采众长；做管理成大业，更要海纳百川、包容一切。包容才能带来合作；各尽其能，既是互补，又是一种双赢。容可容之人所带来的工作动力和激情，远比费尽心思制定出的繁复规章更加高效。可以说，容人之度，成就企业家之风。只有容得下别人，才能成全自己。

　　在森林王国里，动物们都在为了能够更容易地捕获食物而极尽所能。唯独野驴和狮子聪明，选择了互利合作，还专门缔结了条约。

　　条约规定了双方的明确分工：因野驴有耐力，跑得远，所以专门负责寻找食物；而狮子的爆发力成就了它天生猎手的属性，因此负责捕捉食物。分工之后，二者结合在一起共同发挥作用。因为狮子在百兽之中的地位，野驴同意每次捕获到食物后由狮子来实施分配。

　　果然，它们总能比其他任何动物更加迅速地捕捉到肥美的食物。这样的合作让双方都尝到了甜头。

然而，时间一长，双方就慢慢暴露出自己的缺点：野驴脾气不好，经常顶撞狮子；狮子秉性霸道，因此常感觉自己的权威受到了挑战。这一次，他们合作获得了大量的食物后，按照以往的惯例由狮子来分配。可狮子却把食物分成了三份，并且霸道地说："我拿第一份，因为我是兽之王；第二份也应归我，因为这是我们合作中我所应得的，至于第三份嘛，我们可以公平竞争，不过你要是不赶紧滚开，把它让给我，你恐怕就要大祸临头，成为我的第四份美餐了。"

野驴又气恼又羞愤，终究还是离狮子而去。把野驴赶跑后，美食很快就吃完了，狮子不得不开始了它独自的狩猎之旅。因为没有了野驴的帮助，狮子再也不能轻松地捕获像以前一样可口的肥美之物了。当狮子饥肠辘辘的时候，才不由地又一次想起了野驴。

狮子善于捕捉，野驴善于寻找，本来二者的合作可谓是相得益彰，完美无缺，只可惜狮子没有容人之量，为了眼前的利益，把野驴赶跑了，最终自己也吃不上肥美的食物了。

在我们的生活中，团队之间也难免会出现不一致的、不合谐的行为和声音，而有些管理者则容不下这样的反对者。尤其是在树立自己的权威时，更不愿出现一个才压群雄的人在自己面前指手画脚。往往，管理者最后的选择和寓言中的狮子一样，把这样的人炒掉了。

其实，真正懂得管理的人首先就要有容人的胸怀，正所谓"海纳百川，有容乃大"。只有容得下一切可容之人物，才能拓宽自己的局限，成就更广阔的天地。这比单纯地钻研繁复的管理制度更有效，也更简明。

同时，容人还表现在不计怨仇上。在企业里，任何事物都要以集体为前提，因才施用；不能因个人好恶而打压排挤人才。

1947年，小沃森刚刚接管公司的工作，成为了IBM的第二任总裁。

伯肯斯托克是IBM公司未来需求部的负责人。他是当时刚刚去世的IBM

公司二把手柯克的好友——而柯克以前又和小沃森是对头，所以，伯肯斯托克理所当然地认为：柯克死后，小沃森肯定不会放过他，与其被人赶走，还不如主动辞职。

这天，伯肯斯托克来到了小沃森的办公室，他说："这个没人干的闲差和销售总经理比起来，我能有什么盼头……"他知道小沃森和他父亲一样脾气暴躁、很要面子，所以来到他的办公室故意当面向他发火。这样，在辞职前也算是出了一口恶气。

奇怪的是，当听到伯肯斯托克说着"没有盼头"这样挑衅的话时，小沃森却显得平静，一脸微笑地看着他。

这反倒让伯肯斯托克有点紧张了，一时间他没有言语，不知所措。

小沃森趁势说："如果你真行，那么，不仅在柯克手下，在我、我父亲手下都能成功。如果你认为我不公平，那么你就走；否则，你应该留下，因为这里有许多机遇。"

伯肯斯托克没有说话。

"如果是我遇到现在的情况，理智会让我最终决定留下来。"小沃森继续说道。

伯肯斯托克愣了一下，继续嚷嚷道："我刚才的话你没有听见？"

小沃森没有回答，仿佛真的没有听见似的。实际上，小沃森几乎已经达到了"沸点"，但他同时深深地明白，伯肯斯托克是个不可多得的人才；有他在，公司就握住了一大有力的资源，所以，小沃森竭尽全力地去挽留他。

事实证明，留下伯肯斯托克是正确的，他甚至比刚去世的柯克还要精明能干。在促使IBM从事计算机生产方面，伯肯斯托克做出了不可磨灭的贡献：当小沃森极力劝说老沃森及IBM其他高级负责人赶快投入计算机行业时，公司总部里支持者相当少，而伯肯斯托克全力支持他。伯肯斯托克对小沃森说："打孔机注定要被淘汰，假定我们不觉醒，尽快研制电子计算机，IBM就要灭亡。"

小沃森相信他说的话是对的。小沃森与伯肯斯托克联手，为IBM立下了汗马功劳。小沃森在他的回忆中还曾写下这样一句话："在柯克去世后，我挽留住了伯肯斯托克，这是我有史以来所采取的最出色的行动之一。"

小沃森不但挽留了伯肯斯托克，后来还陆续提拔了一批他并不喜欢却有真才实学的人。

小沃森可以说是一个成功的管理者，他懂得容下可容之人，从而借他人之力成就了自己的一番伟业。身为企业的领导者，要用事业造就人才，用环境凝聚人才，用机制激励人才，用法制保障人才，把企业人才的积极性和创造性引导好、保护好、发挥好，而且领导者要善于经营人才，识才、用才、爱才、聚才是领导者一项基本职能，也是一个成熟领导者的基本素质和才干。

而古今中外，大凡成大事者，莫不是以大胸怀掌握住了大局面：齐桓公不计管仲一箭之仇，拜其为上大夫，管理国政而成就霸业；李世民发动玄武门之变，不计魏征曾谏言谋害自己之前嫌，重用魏征，从而治国安邦，开创了贞观盛世；曹操容下陈琳骂其三代祖宗之嫌，陈琳也因此甘愿为其效劳一辈子；刘秀焚烧投敌信札，不计前嫌，化敌为友，壮大自己的力量，终成帝业。容人，较之三顾茅庐的请人，较之千方百计的挖人，是何等轻松惬意；而对于制定规章管理人，处心积虑限制人，又是何等简单高效。容可容之人，让所有人都有一个输出的平台，各尽其才，企业之强大便指日可待。

由此可见，包容是一种态度。谦虚的态度能容人于内，傲慢的态度则拒人于外。包容是一种品格，人人都有七情六欲，人人都有喜怒哀乐，难免有控制不住情绪的时候，能够保持宁静淡泊，能够宽以待人，便是良好的品格修养。

包容是一种境界，如果能超越地域、国家、语言、民族和文明的界限，那么，人的思想就能达到一种至高无上的境界。

学会欣赏别人的长处

心理学家威廉·詹姆斯说："人性最深层的需要就是渴望被别人欣赏。"的确，在人与人的交往中，我们要学会欣赏他人、赞美他人。

俗话说：尺有所短，寸有所长。人各有其长处和优点，会欣赏别人的人总是赞美别人的长处，放大别人的优点，时常给予人一种肯定、一种理解、一种尊重。

我们在和别人的交往中，不要总盯住别人的缺点不放，我们要学会欣赏别人的长处，这样才会让自己不断进步，才会获得别人的肯定。

人类除了一些基本需要之外，还有一种希冀得到他人肯定的渴望。如果谁能诚挚地满足这种心理需求，谁就可以游刃于人际关系之中，享受到冲破藩篱的心灵上的快乐。

而赞美就是一种欣赏和感谢，它给人带来的喜悦恰好替代了一副冷漠的面孔和一张吝啬的嘴巴给人的失望。赞美往往能够拉近我们与他人之间的距离，让"你和我"变成"我们"，如同人际交往中的润滑剂，赞美让我们与外界的沟通之道变得简单，变得平坦。

正如美国哲学家约翰·杜威所说的一样，人人都需要赞美，"人类本质里最深远的驱策力，就是希望具有重要性"。而欣赏别人的实质，其实就是对别人的尊重，我们对别人的欣赏，有的时候可以改变一个人的人一生。

美国著名的思想家和企业家戴尔·卡内基，小的时候，是出名的坏孩子。

他偷偷地向邻居家的窗户扔石头，还把死兔子放在桶里，放在学校的火炉里烧烤，弄得教室臭气熏天。

9 岁那年，他的父亲娶了继母，父亲对继母说："亲爱的，你要好好地注意他，不然他会向你扔石头，他是全天下最坏的孩子。"

继母好奇地走向这个孩子，当她对孩子有了了解后，她说："你错了，他并不是全天下最坏的孩子，而是最聪明的孩子，只是还没有找到发挥他聪明的地方罢了。"

继母很欣赏戴尔·卡内基，在她的引导下他的聪明得到了发挥，最后本是坏孩子的他取得了让人意想不到的成就。

从戴尔·卡内基的经历我们可以看出，每个人都有自己的闪光点，正是继母的欣赏，改变了他的一生。赞美可以让我们与他人进行更有效的沟通，缩短彼此的距离。

其实，懂得欣赏别人的长处，可以让我们与他人进行更有效的沟通，缩短彼此的距离，如同向他人心灵照射阳光一样，因为每个人都渴望得到来自社会、来自他人的首肯与认可。

生活中，一个内心简单而澄净的人，才会时刻抱着欣赏的眼光，去看待这个平凡如我的世界。这样，对于他人的赞美，便是由内而发、真诚质朴的。

张强因为聪明灵活、能说会道，因此被公司调入销售部。可一连几个月，张强不但销售成绩是整个团队里最差的，而且经常不能完成任务。眼看就要开年终会了，人人都担心他会被老总辞退。

年终会上，老总开始品评员工。老总谈吐风趣、爱说笑话，所以会场气氛十分愉快，而张强却十分紧张。老总表扬了一些业绩出色的主管和员工后，看到了张强的资料，低下了头沉默了一会儿。

这让张强更加紧张了，在偌大的空调会议室里，脸却涨得通红。汗水顺着脸颊滑落。看了一小会儿，老总终于开口了："下面我要说的这位员工，可能在业绩上没有前几位那么优秀，但他却有一个非常宝贵的优点。"

坐在底下的张强不禁放松了些，知道自己肯定没有被赞许的份儿。可万没有想到,领导继续刚才的话,马上就说出了自己的名字。这让张强本来放下的心又一次提到了嗓子眼儿。

"之所以表扬张强,是因为我看到他身上具有非常可贵的团队协作意识。他虽然个人业绩差了些,但在座的每一位同仁几乎都得到过他的配合。他牺牲了许多自己的时间与精力,配合部门里的各位同事做了许多客户的工作。以至于大家只看到了个人成绩,而忽略了张强这位幕后英雄。明年我们的合作重点就落在张强身上了,相信他一定能做好;也希望大家都能向他学习,经营好我们这支团队。"

听到这番话,张强备受感动,是老总为自己"挽回"了这份工作。除了努力工作,他感觉再也没有其他的方法能对得起老板的这番"赞扬"了。果不其然,半年后张强的业绩在公司已经是中上等水平了。

从这个故事里的这个老总我们可以看出,学会欣赏别人的长处,很多时候都会起到积极的效果。它表达的是我们的一片善心和好意,传递的是信任和情感,化解的是有意无意间与人形成的隔阂和摩擦。

赞美别人,仿佛是举起了一只火炬,照亮别人的同时也照亮了自己,它让彼此远离的个体更加贴近,让彼此隔阂的心墙破冰融合。可以说,它在人际关系中起着四两拨千斤的作用,以最简单的方式获得了不可估量的效果。

会欣赏别人是一种境界、一种涵养、一种素质。欣赏别人绝不是对自己人格的贬低,相反是对自己人格的提升,所以,我们要学会欣赏别人。

少了一个敌人，就多了一个朋友

忘记别人给予你的所有不愉快，记住别人所给予你的哪怕一丁点的好处，这样，你会很快乐，别人也会很快乐，而你的朋友圈子会像滚雪球一样越滚越大。

人的一生中最大的敌人，除了我们自己，也就再无他人了。病痛是自己的敌人，烦恼是自己的敌人。然而，疾病也要治疗，甚至与它为友；烦恼也要面对，进而转为菩提。对于人生最大的"敌人"，我们都可以"帮助"，又何况于自己心中设定的其他人呢？

林肯总统对竞争对手以宽容著称，后来终于引起了议员的不满，议员说："你不应该试图和那些人交朋友，而应该消灭他们。"林肯微笑着回答："当它们变成我的朋友，难道不是正在消灭我的敌人吗？"

消灭敌人并不能显示出我们的智慧，因为与之对峙的同时，自身的精力也必将有所消耗，自身的心性也必将有所动乱。朋友可以是永久的朋友，而敌人却不要成为永久的敌人。我们在帮助敌人的同时，便获得了以德报怨的境界，无论是否能化敌为友，我们的慧根都会越来越丰盈。

战国时期，中山国的相国司马熹勤于政事，向国君请示或商讨国家大事时，常常忘记了时间，一说就是大半天，甚至一直谈到半夜。

国君非常信任司马熹，很愿意听他的谋论和规划，但因此而逐渐忽略了后宫生活，许多嫔妃都对司马熹意见纷纷，尤其是国君的宠姬阴简，阴简十分憎恨司马熹，一有机会就在国君的枕边说他的坏话。

时间一长，国君的态度也有所改变。而司马熹对此也有所耳闻，十分明白自己的处境。于是他决定不能这样坐以待毙。

没过多久，机会就来了。赵国为了互通有无，专门派了一位使者来访中山国。对战国七雄之一的赵国来使，小小的中山国自然是不敢怠慢。国君专门命司马熹寸步不离地陪伴在赵国使臣身边，生怕有一点疏忽。

在一次宴会上，司马熹问使者："听说贵国美女如云，尤其擅长音乐，是这样吗？"

使者谦逊地说："并非如此。"

司马熹恰好抓住了这样的话机，紧接着说："我曾经到过许多国家，见过无数美女，但总觉得没有能比得上我们国君的宠妃阴简的。她的容貌倾国倾城，仪态婀娜多姿，简直有如仙女下凡一般！"

说者有意，听者亦有心。赵国使者暗自记在了心里，回国后便马上把这一情况禀报给了赵王。赵王听闻，还未见到阴简本人，心里就已经蠢蠢欲动了，于是，赵王再次派使者到中山国，请求把阴简送给自己。

阴简是中山国国君最宠爱的妃子，被视为掌上明珠。现在赵王要夺人所爱，中山国君哪里肯应。但如果不给，赵王必会报复中山国，很多百姓便要蒙难。

正当中山王左右为难、束手无策之时，司马熹趁此时机向国君进谏说："启奏大王，臣有一个办法，既可以回绝赵国，又可以避免百姓罹受侵略之苦。"

国君一听十分高兴，忙问道："你有什么万全之策？"

司马熹回答说："您可以立即册封阴简为王后，这样赵王为了不丧失体面就不好意思再要人了。"

中山国君立即照办。就这样，中山国保全下来了，阴简也顺利地做了王后。

阴简因为司马熹向国君荐言册封自己为王后，不但不再忌恨司马熹，反而对他感激涕零，尊重有加。司马熹终于摆脱了困境。

帮助敌人，就能让我们减少一敌，而少一个敌人在这里就可以说是多了一个朋友。往往，由敌人转变而来的朋友，会比一般朋友对我们更好。因此，帮助敌人不但是保护自己，更是为自己找到更大的助力。

有这样一则寓言,说的是两匹马同行,一匹将另一匹的脖颈咬伤了,结果被咬的反而主动安慰因咬伤自己而羞愧不安的那匹马。故事虽小,却揭示了天地间动人的品德,那便是宽容。

2008 年 9 月,美国竞选总统已经到了非常关键的时候,以奥巴马、拜登为候选搭档的民主党和麦凯恩、佩林为候选搭档的共和党,正在进行着激烈的争夺战。恰在此时,共和党副总统竞选者佩林爆出重大新闻:她 17 岁的女儿未婚先孕,这一"丑闻"使共和党处于尴尬的境地。

有一天,记者请奥巴马谈谈对这件事情的看法。奥巴马沉思片刻,平静地说了句:"我妈妈是在 17 岁时生下的我。"

喧闹的现场一阵寂静!谁都没有想到,奥巴马会给出这样仁慈、朴实和高尚的回答,现场的沉默终于被一阵热烈的掌声打破。

此后,奥巴马的支持率节节攀升,许多中间选民开始倒向奥巴马,因为奥巴马的胸怀打动了他们,他们认识到只有宽厚的人才能胜任美国总统。

在当今社会中,战场上两军对阵、杀得你死我活的敌人已经不太常见,更多的是商场上的"冤家"和同行中的对手,正所谓"同行相嫉,文人相轻"。其实,这都是竞争所致。然而,正像达尔文物竞天择的进化法则所阐释的,竞争可以带来进步。

"敌人"可以让我们时刻保持警醒与精进;没有对手,就会松懈,孤独求败的高处不胜寒想必就是如此。足球场上的两队竞技,必先相互握手以示感谢后,才可开场;拳击赛开始时,选手要互相鞠躬致意,胜败分晓后还要握手言和;美国总统大选揭晓后,当选者第一件事就是要致电感谢落选的一方。

可见,没有了"敌人",我们的成绩便失去了很多色彩;而帮助敌人,则可以让我们自身更上一层楼。

真正大智者对于敌人,不但不消灭,反而培养对方成为激励自己上进、成长的对手。

培根曾经说过:"没有情人,会很寂寞;没有敌人,也是寂寞的。"人与人之间,有时候朋友可以成为敌人,有时候敌人也会成为朋友,区别就在于我们看人的角度和做人的态度。

然而,朋友可以是永久的朋友,敌人却不要成为永久的敌人:凡是能化敌为友的,必是胸怀韬略、大智若愚之人。人生最大的敌人,不是别人;人生最大的胜利,不是制敌。

别让过去的仇恨折磨自己

只有学会忘记仇恨,才能提高自己,解放自己,才能让自己的生活少一份忧愁苦恼,多一份快乐和幸福。

人生中所谓的得与失,在很多时候是没有任何实际意义的,但是被带入其中无法挽救的或恶劣、或悲伤、或仇恨的心情,却可以使人们改变对整个生命或生活的看法或感受。这种消极的心情所引起的失落和损失,比起物质上的得与失更加致命,因为这种失去是最为昂贵的,是我们永远也支付不起的。

既然如此,为何我们不能忘记过去的一些恩恩怨怨,开始自己的新生活,却非要选择在回不去的记忆中过度感伤,使自己的心灵备受折磨呢?

在 20 世纪的时候,美国著名的建筑大王凯迪与飞机大王克拉奇是很好的朋友。凯迪有一个女儿,而克拉奇则刚好有一个儿子,两个人为使彼此间的关系更为亲密,就打算撮合他们的儿女成婚。但是两个人的感情却进行得并不顺利,经常会发生争吵。但是,两家人都是社会的名流巨富,儿女们的这种关系也让他们大伤脑筋。

没想到,他们担心的事情果真发生了。凯迪的女儿竟然被人毒害,而据警方详细调查后,杀人凶手正是克拉奇的儿子。为此,克拉奇的儿子也被关进大牢中,两家人的身心因此也受到沉重的打击。

从此以后，两家的关系就变得极为紧张，他们的生活也变得暗无天日。令凯迪一家较为恼火的是，克拉奇的儿子在事实面前却从来不承认是自己杀害了凯迪的女儿，而克拉奇也极力地为减轻儿子的罪行拼命奔走上诉。如此一来，两家便结下了深仇大恨，两家人也开始进行明争暗斗的较量，双方也都损失惨重。

一年以后，法院做出终审，克拉奇的儿子也因谋杀罪而被判终身监禁。克拉奇为了不让自己的儿子一辈子都待在监狱中，为了减轻儿子的罪行，又千方百计地不惜重金为凯迪一家做经济补偿，以求得凯迪能去为儿子说情。克拉奇每一次的经济补偿都是巧妙地出现在生意场上，这也使凯迪不得不被动接受。

但是，每当凯迪拿到克拉奇家族的一笔补偿金的时候，就像是接过一把刀刺自己的心那样悲痛难忍。凯迪也不停地埋怨自己当初怎么就看错了人。而克拉奇一家也是天天都生活在自责之中，他们怨恨自己怎么没能教育好自己的儿子，埋怨自己不该为了自己的利益而撮合儿子的婚事。

两家都是美国企业界中的上层人物，没想到生活却会如此的捉弄他们，让他们的内心得不到安生。就这样一年又一年过去了，两家人的心情总是被巨大的阴影所笼罩，凯迪与克拉奇从来没有真正的笑过。他们承认，他们为此所付出的心理代价是用任何金钱也换不回来的。

然而，就在他们苦苦承受了20多年的痛苦后，最终的事实却证明，凯迪女儿的死，并不涉及善恶情仇。事情在当时的美国社会引起了巨大的轰动，面对媒体的采访，凯迪与克拉奇都说了同样的话："20多年来，我们所受的心灵上的折磨是我们永远无法补偿的！"

20多年，是多少个黑发变成白发的日日夜夜啊！这是用任何财富都支付不起的。如果两家都能及时地忘让仇恨，那便不会有如此多的折磨和煎熬了。

生命太过短暂，容不得我们为了一些外物和解不开的死结而毁灭掉自己匆匆而逝的年华，破坏原本存在的平静。其实，只要你静下心来想想，过去的仇恨没有什么大不了，过去的毕竟过去了，再纠结，再痛苦也永远无法挽回了。只有选择及时将其忘记，才能弥补你已经失去的，才会迎来如夏花般绚烂的明天。

要知道，没有谁与谁是天生的仇人，只不过因为某件事情发生了矛盾，发生了些摩擦而已，其实完全可以大度地抛弃这些不值得再用生命再去支付的痛苦；否则，只会让自己痛苦一辈子，后悔一辈子，让生命永远得不到解脱。

有一个人，一天他走在坎坷不平的山路上，发现脚这有袋子似的东西妨碍了他的脚步，他就用自己的双脚狠狠地踩了一下那东西，结果那东西不但没有被踩破，反而更加大了起来，他生气极了，就捡起路边的大树枝朝那东西砸了过来，那东西竟然被它砸的越来越大了，渐渐地堵住了路口，而这个人也被困在这了。

正在他为此着急的时候，山中走出一位圣人，对他说："朋友，快别动它，忘了它吧，离开它，远去吧，它叫仇恨袋。你不犯它，他便小如当初；你若犯它，它就会跟你敌对到底。"

在生活中，人与人之间难免会产生摩擦和误会，如果我们将之永久地放在心中，仇恨将会堵住我们通往快乐与幸福的道路，那样只会让自己的生命白白地流失，会失去更多的宝贵的时光。

放开胸怀得到的是整个世界

雨果说："世界上最广阔的是海洋，比海洋更广阔的是天空，比天空更广阔的是人的胸怀。"一个人如果拥有了宽广的胸怀，他就可以得到整个世界。

在工作、生活中，总会有一些繁杂的、突如其来的事情不断地扰乱我们的内心，我们在忍受的同时亦在接受着内心的考验：考验我们的心有多么坚韧，胸怀有多么的宽广。

世界上最宽广的是胸怀，可以无所不容；世界上最狭隘的也是胸怀，可以睚眦必报。也许,你的度量大不到可以撑下船的地步,但是我们可以试着深深地吸一口气,将眼光放得远一点,也许我们就能够看到不同的景象。

苏东坡是我国历史上的大文豪,他的词是豪放派的代表,当然,他也有一个豁达的心胸。他有一个很好的朋友叫佛印,两人经常在西湖一起参禅悟道。佛印是位老实厚道的人,苏东坡古灵精怪,经常占他的便宜。

有一天,两人又去参禅悟道,苏东坡就问佛印:"佛印,你看我像什么呢?"

佛印老老实实地睁开眼睛,说:"我看你像一尊佛。"

苏东坡说:"你知道我看你像什么吗?你往那儿一坐,就像一堆牛粪!"说完他就开始哈哈大笑起来,而佛印只是闭着眼睛,笑而不答。

晚上回到家中,苏东坡就很得意地把这件事告诉了自己的妹妹。

妹妹听完后,就冷笑着说:"哥哥呀,就你这样的悟性还配去参禅呀?参禅讲的是见心见性,心中有,眼中才有。佛印说你像尊佛,说明他心中真有尊佛,正因为如此,他才对你的无理不争不怒;你看他像堆牛粪,你自己想想你心中有什么吧?"

苏东坡听罢妹妹之言,惭愧得无语。

我们所看到的外在世界,是内心的一种折射,你所看见的,必定也是你心中所有的,心灵怎样,所表现出来的状态也就会是什么样子。所以,在生活中,当我们无力去反驳别人对我们的指责的时候,当我们面对上司的无理要求反抗无效的时候,当遇到形形色色的不公的待遇无能为力的时候,还是把眼光放远一点吧。没必要让这些负面的情绪持续影响着我们的心境,我们可以适时地告诉自己:他们的计较是因为他们心中只能装得下眼前这些厌恶,而我们的内心应该装得下过去、现在和未来。所以,我们也没有必要与他们一般见识。

其实,人与人之间原本是没多大区别的,只是因为各自心中的世界不同,而造成截然不同的人生结局罢了。

有时候,我们也会抱怨世界不够大,施展个人才华的舞台也不够大,其实,世界与舞台的大小都源自我们的内心。有一句话说得好:"心有多大,舞台就有多大。"要成就梦想，只有扩大自己的心灵空间，做到心胸宽广、眼界高远，才能得到最大的成功。

在美国的一所著名大学，一位哲学家曾让他的学生做过一个这样的实验：他拿出一张白纸举在同学们的面前，并集中注意力地盯着这张纸，请周围的同学告诉他他们看到了什么？

有的同学说："我看到了只是一张白纸。"有的同学说："我什么也没看见。"有的同学却说："我看不到尽头。"

最后，这位哲学家就对第三类同学投去了赞扬的目光，并说："我比较欣赏这些同学的眼光，因为他们的目光不只是盯在一张纸上，他能超越出事物的本身，想到未来。这样的人，眼界往往比较高远，心胸也更为宽广，也容易使人生更为辉煌。"

很显然，由于内心的想法不同，眼界不同，他们所看到的也不一样！所以说，有什么样的心态就能产生什么样的结果，心有多宽敞，你周围的世界就会有多大。

人们常用"世界有多大，心就有多大"来夸耀那些有远大志向的人，但是如果我们能这句话颠倒一下，改为"心有多大，世界才有多大"，你也能从中发现人生的另一种禅理。

认识到这些，我们再回首自己走过的路，就会发现，当初让我们觉得天都要塌的许多困难，在现在看来只不过是一些鸡毛蒜皮的小事而已；当初那些让人感到快要窒息的斥责，现在看来也显得极为可笑了；过去那些令自己万分痛苦的事情，现在也只是供自己茶余饭后闲聊的一个话题罢了……一切的一切不都过去了吗？再痛苦，再不幸也只是生命的一段过往而已。只要把心灵放大一些，不要将那些不快留在我们的眼前与心中，一切都会成为永远的过去。

所以，不要太去计较眼前的一些痛苦和烦恼，那只会缩小我们的内心，我们只有放开我们的胸怀，我们才能站到我们理想中的制高点上。